ハヤカワ文庫 NF

〈NF531〉

# 樹木たちの知られざる生活

## 森林管理官が聴いた森の声

ペーター・ヴォールレーベン

長谷川　圭訳

早川書房

*8277*

DAS GEHEIME LEBEN DER BÄUME

*Was sie fühlen, wie sie kommunzieren*
*– die Entdeckung einer verborgenen Welt*

by

Peter Wohlleben



Translated by
Kei Hasegawa

Published 2018 in Japan by
HAYAKAWA PUBLISHING, INC.
This book is published in Japan by
arrangement with
VERLAGSGRUPPE RANDOM HOUSE GMBH
through MEIKE MARX.

目次

# 樹木たちの知られざる生活

## ――森林管理官が聴いた森の声

# まえがき

　森林管理の仕事を始めたころ、私は樹木たちの秘密についてほとんど何も知らなかった。その状況は、人間が動物の気持ちをあまり知らないのとよく似ている。現代の林業は木を切り、新しい苗を植える。木材をつくるためだ。専門誌などを読んでいると、林業関係者は利益が出ているかぎり、森林の健康についてはかんしんをもとうとしないように思える。樹木を相手にするのはあくまで仕事にすぎないので、商売に必要なだけ育ってくれればいいというわけだろう。かくいう私もかつては視野が狭かった。毎日のように数百本のモミ、ブナ、ナラ、マツを眺めては、これはいくらになるだろうか、どれだけの板がつくれるだろうか、としか考えていなかったのだから。

　二〇年前、私は観光客相手にサバイバル訓練やログハウスのツアーを企画する仕事を始めた。その後、樹木葬のための森の管理や、原生林の保護の仕事が加わった。森を訪れるたくさんの人との会話を通じて、狭かった私の視野が広がりはじめた。幹が曲がっていたり、表面がでこぼこしたりしている木など、以前の私なら価値がないとみなしていたものにこそ、人々が魅了されるとわかったからだ。おかげで私は、木の幹を眺めて値踏みするだけでなく、おかしな形の根っこや曲がった幹、幹を覆う柔らかな苔などにも注目するようになった。子どものころに感じていた自然への愛が、私の心にふたたび芽生えたのだ。

それ以来、奇跡や不思議にたくさん出会った。そうこうしているうちに、私の営林地でアーヘン工科大学の研究が行なわれるようになった。その研究を通じて、それまで私がかかえていたたくさんの疑問に答えが見つかったが、同時に、新しい謎もたくさん生まれることになった。毎日のようにあらたな発見が続き、私の生活は楽しいものに変わっていった。

営林方法も、樹木の習性を尊重したやり方に変えることにした。人間と同じように木も痛みを感じ、記憶もある。木も親と子がいっしょに生活している。そういうことがわかった以上、手当たりしだいに木を切り倒し、大きな乗り物で樹木のあいだを走りまわる気になどならない。二〇年ほど前から、私の営林地では大型の機械を使わないようにしている。木を伐採したときは、作業員が馬を使って慎重に運び出す。健康な森――幸せな森と言ってもいいかもしれない――はそうでない森と比べると、はるかに生産的で、そこから得られる収入も多い。

私は、アイフェル山地にあるヒュンメルという地方自治体のために働いているが、この小さな村も私の考えに賛同し、これから先もずっと現在の営林方法を維持しつづけることを決定した。この決定に、木々たち、特に最近になって保護区に指定された場所で誰からも邪魔されずに生きている樹木たちは、きっと安心していることだろう。彼らは、これからも多くのことを私たちに教えてくれるにちがいない。私がこれまで想像もしなかったことを、樹冠の下でたくさん学ぶことになるだろう。

樹木は私たちを幸せにしてくれる。あなたも、次に森を散策するときには、大小さまざまな驚きを見つけるにちがいない。

# 友情

私が管理している森のなかに、古いブナの木が集まっている場所がある。数年前、そこで苔に覆われた岩を見つけた。それまでは、気づかずに通り過ぎていたのだろう。ところがある日、その岩が突然目に入った。近寄ってよく見ると、その岩は奇妙な形をしている。真ん中が空洞でアーチのようになっているのだ。苔を少しつまみ上げてみると、その下には木の皮があった。つまり、それは岩ではなく古い木だったのだ。

湿った土の上にあるブナの朽木は、通常は数年で腐ってしまう。だが驚いたことに、私が見つけたその木はとても硬かった。しかも、持ち上げることもできない。土にしっかり埋まっていたのだろう。ポケットからナイフを取り出し、樹皮の端を慎重にはがしてみた。すると緑色の層が見えてきた。緑色？　植物で緑といえばクロロフィルしか考えられない。新鮮な葉に含まれていて、幹にも蓄えられている〝葉緑素〟である。これが意味するのはただ一つ、その木はまだ死んでいないということだ！

そこから半径一メートル半の範囲に散らばっていたほかの〝岩〟の正体も明らかになった。どれも古い大木の切り株だった。切り株の表面の部分だけが残り、中身はとうの昔に朽ち果てたのだろう。察するに、四〇〇年から五〇〇年前にはすでに切り倒されていた木にちがいない。

では、どうして表面の部分だけがこれほどの長い年月を生き延びられたのだろうか？木の細胞は栄養として糖分を必要とする。葉がなければ光合成もできない。つまり、普通に考えれば、呼吸も生長もできるはずがない。そのうえ、数百年間の飢餓に耐えられる生き物など存在しない。木の切り株も同じはずだ。少なくとも、孤立してしまった切り株は生き残ることができないだろう。

だが、私が見つけた切り株は孤立していなかった。近くにある樹木から根を通じて手助けを得ていたのだ。木の根と根が直接つながったり、根の先が菌糸に包まれ、その菌糸が栄養の交換を手伝ったりすることがある。目の前の〝岩〟がどのケースにあたるのかはわからなかった。とはいえ、無理やり掘り起こして確かめる気にはなれない。古い切り株を傷つけたくないからだ。

まわりの木がその切り株に糖液を譲っていたことだけは確かだ。だからこそ切り株は死なずにすんだ。栄養の受け渡しをするために根がつながっている姿は、土手などで観察できる。雨で土が流れて、地中にあった根がむきだしになっているのを見たことはないだろうか？　樹脂について研究した結果、根が同じ種類の木同士をつなぐ複雑なネットワークをつくっているのを発見した学者もいる。ご近所同士の助け合いにも似たこの〝栄養素の交換〟は規則的に行なわれているようだ。森林はアリの巣にも似た優れた組織なのである。

ここで一つの疑問が生じる。木の根は地中をやみくもに広がり、仲間の根に偶然出会ったときにだけ結ばれて、栄養の交換をしたり、コミュニティのようなものをつくったりするのだろうか？　もしそうなら、森のなかの助け合い精神は――それはそれで生態系にとって有益であることには変わりないのだが――〝偶然の産物〟ということになる。

しかし、自然はそれほど単純ではないと、たとえばトリノ大学のマッシモ・マッフェイが学術誌《マックスプランクフォルシュンク》（二〇〇七年三号、六五ページ）で証明している。それによると、樹木に限らず植物というものは、自分の根とほかの種類の植物の根、また同じ種類の植物であっても自分の根とほかの根をしっかりと区別しているらしい。

では、樹木はなぜ、そんなふうに社会をつくるのだろう？　どうして、自分と同じ種類だけでなく、ときにはライバルにも栄養を分け合うのだろう？　その理由は、人間社会と同じく、協力することで生きやすくなることにある。木が一本しかなければ森はできない。森がなければ風や天候の変化から自分を守ることもできない。バランスのとれた環境もつくれない。

逆に、たくさんの木が手を組んで生態系をつくりだせば、暑さや寒さに抵抗しやすくなり、たくさんの水を蓄え、空気を適度に湿らせることができる。木にとってとても棲(す)みやすい環境ができ、長年生長を続けられるようになる。だからこそ、コミュニティを死守しなければならない。一本一本が自分のことばかり考えていたら、多くの木が大木になる前に朽ちていく。死んでしまう木が増えれば、森の木々はまばらになり、強風が吹き込みやすくなる。倒れる木も増える。そうなると夏の日差しが直接差し込むので土壌(どじょう)も乾燥してしまう。誰にとってもいいことはない。

森林社会にとっては、どの木も例外なく貴重な存在で、死んでもらっては困る。だからこそ、病気で弱っている仲間に栄養を分け、その回復をサポートする。数年後には立場が逆転し、かつては健康だった木がほかの木の手助けを必要としているかもしれない。互いに助け合う大きなブナの木などを見ていると、私はゾウの群れを思い出す。ゾウの群れも互いに助け合い、病気になったり弱ったりしたメンバーの面倒を見ることが知られている。ゾウは、死んだ仲間を置き去りにすることさえためらうという。

木はその一本一本がコミュニティを構成するメンバーだが、それでもやはり、すべての木が同じ扱いを受けるわけではないようだ。たとえば、切り株のほとんどは朽ち果て、数十年後（ほとんどの樹木にとっては数十年は短期間にすぎない）には完全に土に還る。先ほど紹介した〝苔むした岩〟のように、数百年も延命措置がなされるのはごくわずかといえるだろう。

では、どうしてそのような〝差〟が生じるのだろう？ 樹木の世界も人間と同じく階級社会なのだろうか？ 基本的にはそのとおりなのだが、〝階級〟という言葉は当てはまらないだろう。むしろ仲間意識が、さらにいえば愛情の強さの度合いが、仲間をどの程度までサポートするかを決める基準となっているように思える。

森に入って、葉の茂る天井、いわゆる〝林冠〟を見上げてみれば、誰にでもわかることがある。通常、木は、隣にある同じ高さの木の枝先に触れるまでしか自分の枝を広げない。隣の木の空気や光の領域を侵さないためだ。一見、林冠では取っ組み合いが行なわれているように見えるが、それはたくさんの枝が力強く伸びているからにすぎない。迷仲のいい木同士は、自分の友だちの方向に必要以上に太い枝を伸ばそうとはしない。

惑をかけたくないのだろう。だから〝友だちでない木〟の方向にしか太い枝を広げない。そして、根がつながり合った仲良し同士は、ときには同時に死んでしまうほど親密な関係になることもある。

切り株を援助するといった強い友情は、天然の森林のなかでしか見ることができない。私はブナのほかに、ナラ、モミ、トウヒ、ダグラスファー（ベイマツ）の切り株が仲間の助けで生き延びているのを見たことがある。もしかすると、どの種類の木も同じことをするのかもしれない。

中央ヨーロッパの針葉樹林のほとんどは植林されたものだ。そうした植林地では、樹木はまた違った行動をとることが知られている（「ストリートチルドレン」の章を参照）。植林のときに根が傷つけられてしまうので、仲間とのネットワークを広げられないのだ。たいていは一匹狼として生長し、つらい一生を過ごす。とはいえ、そうした植林地の樹木は（種類によって差はあるが）一〇〇年ほどで伐採されるので、どのみち老木にまで育つことはない。

# 木の言葉

辞書によると、言葉を使ってコミュニケーションできるのは人間だけだそうだ。話ができるのは人間だけということになる。では、樹木は会話をしないのだろうか？　もしできるとしたら、どうやって？　いずれにせよ、私たちは彼らの声を聞いたことがない。木は無口な存在だ。風に揺れる枝のきしみや葉のこすれる音は外からの影響で聞こえるにすぎず、木が自発的に起こすものではない。

しかし、じつは木も自分を表現する手段をもっている。それが芳香物質、つまり香りだ。この点では人間も同じで、私たちも香水やデオドラントスプレーを使う。そんなものがなかったとしても、私たち自身の体臭が身のまわりの人の意識や無意識に語りかける役割を担（にな）っている。においを嗅（か）いだだけで逃げ出したくなったり、その人に惹（ひ）きつけられたりした経験は誰にでもあるだろう。

研究によると、パートナーを選択する際には人間の汗に含まれるフェロモンがもっとも重要な基準となるそうだ。誰と子どもをつくりたいか、フェロモンが決めている。要するに、私たちは香りを使って秘密の会話をしていることになる。樹木にも同じ能力が備わっていることがわかっている。

およそ四〇年前、アフリカのサバンナで観察された出来事がある。キリンはサバンナアカシア（アンブレラアカシア）の葉を食べるが、アカシアにとってはもちろん迷惑な話だ。この大きな草食動物を追い払うために、アカシアはキリンがやってくると、数分以内に葉のなかに有毒物質を集める。毒に気づいたキリンは別の木に移動する。しかし、隣の木に向かうのではなく、少なくとも数本とばして一〇〇メートルぐらい離れたところで食事を再開したのである。どうしてそれほど遠くに移動するのか、そこには驚くべき理由があった。

最初に葉を食べられたアカシアは、災害が近づいていることをまわりの仲間に知らせるために警報ガス（エチレン）を発散する。警告された木は、いざというときのために有毒物質を準備しはじめる。それを知っているキリンは、警告の届かない場所に立っている木のところまで歩く。あるいは、風に逆らって移動する。香りのメッセージは空気に運ばれて隣の木に伝わるので、風上に向かえば、それほど歩かなくても警報に気づかなかった木が見つかるからだ。

同じようなことがどの森でも行なわれている。ブナもトウヒもナラも、自分がかじられる痛みを感じる。毛虫が葉をかじると、噛(か)まれた部分のまわりの組織が変化するのがその証拠だ。さらに人体と同じように、電気信号を走らせることもできる。ただし、その速度はとてもゆっくりで、人間の電気信号は一〇〇〇分の一秒ほどで全身に広がるが、樹木の場合は一分で一センチしか進まない。葉のなかに防衛物質を集めるまで、さらに一時間ほどかかるといわれている[1]。

緊急事態のときでさえこの速さなのだから、樹木とはやはりおおらかな存在なのだろう。動きは遅いが、木といえどもそれぞれの部分がほかの部分とつながって生きている。たとえば根に問題が生じたら、その情報が全体に広がり、葉から芳香物質が発散されることもある。しかも、とりあえずにおいを発するのではなく、目的ごとにそれぞれ異なった香りをつくる。

樹木はまた、どんな害虫が自分を脅(おびや)かしているのかも判断できる。害虫は種類によって唾液(だえき)の成分が違うので分類できるのだ。害虫の種類がわかったら、その害虫の天敵が好きなにおいを発散する。すると天敵がやってきて害虫を始末してくれる。ニレやマツは小さなハチに頼ることが多いようだ。[2] 木々のところにやってきたハチは、葉を食べている毛虫のなかに卵を産む。すると、卵から生まれたハチの幼虫が自分より大きなチョウや蛾の幼虫を内側から食べつくしてくれる。残酷な話だが、ハチのおかげで木にとっては害虫がいなくなり、最小の被害で生長を続けられる。

ちなみに、この〝唾液を分類する〟というのも樹木の能力の一つである。つまり、彼らにも味覚のようなものがあるということの証しだろう。

芳香物質によるコミュニケーションの弱点は、風の影響を受けやすいことにある。香りが一〇〇メートル先まで届かないこともしばしばだ。反面、利点もある。木の内部での情報伝達はとてもゆっくりなのに対して、空気による伝達は短時間で遠くまで伝わるため、自分の体の遠い部分まで短い時間で情報を送ることができる。

害虫から身を守るために、木は必ずしも特別な緊急信号を発する必要はない。動物には木が発散する化学物質に反応する習性があるので、そうした化学物質によって、動物は木が攻撃されていることや害虫がついていることを察知できる。害虫がいるのがわかれば、それを好む動物は、どうしようもなく食欲をかきたてられる。

樹木には自分で自分を守る力も備わっている。たとえばナラは、苦くて毒性のあるタンニンを樹皮と葉に送り込むことができる。その結果、おいしかった葉がまずくなり、害虫は逃げ出すか、場合によっては死んでしまう。ヤナギも、同じような働きをもつサリシンという物質をつくりだす。ちなみに、サリシンは人間には無害だ。それどころかヤナギの樹皮を煎じた茶には、頭痛を和らげ熱を下げる効果がある。頭痛薬のアスピリンも、もとはヤナギからつくられたものだ。

だが、そのような防衛措置がうまく働くまでには、ある程度の時間がかかる。だからこそ、早期警報の仕組みが欠かせない。空気を使った伝達だけが近くの仲間に危機を知らせる手段ではない。木々はそれと同時に、地中でつながる仲間たちに根から根へとメッセージを送っている。地中なら天気の影響を受けることもない。

驚いたことに、このメッセージの伝達には化学物質だけでなく、電気信号も使われているようだ。しかも秒速一センチという速さで。人間に比べたらこれでもずいぶん遅いが、動物の世界であれば、クラゲやミミズなど、木々と同じような速度で刺激の伝達をしているものがたくさんいる。[3] 情報を受け取った周辺のナラは、いっせいにタンニンを体内に駆けめぐらせる。

木の根はとても大きく広がり、樹冠の倍以上の広さになることがある。それによって、まわりの木と地中で接し、つながることができる。だが、いつもそうなるとはかぎらない。森のなかにも、仲間の輪に加わろうとしない一匹狼や自分勝手なものがいる。

　では、こうした頑固者が警報を受け取らないせいで、情報が遮断されるのだろうか？
ありがたいことに、必ずしもそうはならないようだ。なぜなら、すばやい情報の伝達を確実にするために、ほとんどの場合、菌類があいだに入っているからだ。菌類は、インターネットの光ファイバーのような役割を担（にな）い、細い菌糸（きんし）が地中を走り、想像できないほど密な網を張りめぐらせる。

　たとえば森の土をティースプーンですくうと、そのなかには数キロ分の菌糸が含まれている。[4] たった一つの菌が数百年のあいだに数平方キロメートルも広がり、森全体に網を張るほどに生長することもある。この菌糸のケーブルを伝って木から木へと情報が送られることで、害虫や干魃（かんばつ）などの知らせが森じゅうに広がる。森のなかに見られるこのネットワークを、ワールドワイドウェブならぬ〝ウッドワイドウェブ〟と呼ぶ学者もいるほどだ。

　だが、実際にどんな情報がどれだけの規模で交換されているのかについては、ほとんどわかっていない。ライバル関係にある、種類の異なる樹木とも連絡を取り合っている可能性すら否定できない。菌には菌の事情があるはずだ。彼らがさまざまな種類の樹木に対して分け隔てなく接し、仲を取りもっている可能性も否定できない。

　衰弱した木は、抵抗力だけでなくコミュニケーション能力も弱まるらしい。その証拠に、害虫は衰弱した木を選んで集中的に攻撃する。警報を受け取ったはずなのに反応せずにじっと黙り込んでいる木を選んで襲いかかっているように見えるのである。沈黙は、その木が重い病気にかかっているからかもしれないし、地中の菌の網が失われて情報が入ってこないからかもしれない。沈黙している木は毛虫や昆虫の格好の餌食（えじき）となる。先ほど紹介したようなわがままな一匹狼も、仲間からの情報が入ってこなければ、健康であっても害虫に襲われやすくなる。

　森林というコミュニティでは、高い樹木だけでなく、低木や草なども含めたすべての植物が同じような方法で会話をしている可能性がある。しかし、農耕地などでは、植物はとても無口になる。人間が栽培する植物は、品種改良などによって空気や地中を通じて会話する能力の大部分を失ってしまったからだ。口もきけないし、耳も聞こえない。したがって害虫にとても弱い[5]。現代の農業では農薬をたくさん使うようになった。栽培業者は森林を手本として、穀物やジャガイモをおしゃべりにする方法を考えたほうがいいのではないだろうか。

　ところで、樹木と虫の会話は、防衛や病気だけを話題にしているわけではない。違う種類の生き物のあいだで喜ばしいシグナルが交換されることもある。そのことに気づいたり、そのための香りを〝嗅（か）いだり〟したことがある人もいるだろう。そう、花の心地よい香りもメッセージの一つなのである。

花は意味もなくいいにおいをまき散らしているのではない。ヤナギやクリ、あるいは果実のなる木は、香りのメッセージで自己を顕示し、ミツバチたちに自分のところに立ち寄るよう話しかけている。糖分がたっぷり詰まった甘い蜜は、花に集まって受粉の手助けをしてくれた昆虫たちへのお礼のプレゼント。花の香りだけでなく、形や色もシグナルとなる。緑の背景に鮮やかに浮かび上がるレストランのネオンサイン、といったところだろうか。このように、樹木は香りと視覚と（根の先端の細胞でやりとりする）電気信号を使って会話をしている。では、木々は音を出して話したりはしていないのだろうか？

この章の初めに私は、木は〝無口〟だ、と書いた。ところが最近の研究では、それすら疑わしくなってきている。西オーストラリア大学のモニカ・ガリアーノは、ブリストル大学およびフィレンツェ大学と協力して、地中の音を聞くという研究を行なった。[6] 研究室に木を植えるのは大変だったので、彼女はかわりに穀物の苗を使った。すると驚いたことに、根が発する静かな音が測定装置に記録されたのである。周波数二二〇ヘルツのポキッという音が。根が〝ポキッ〟？

枯れ木をかまどの火にくべるとパチパチと音を立てるので、特に珍しいことではないと思うかもしれない。しかし、研究室で記録された音は無意味な騒音ではなかった。音を立てた根をもつ苗とは別の苗が音に反応したからだ。二二〇ヘルツの〝ポキッ〟という音がするたびに、別の苗の先がその方向に傾いた。つまり、この周波数の音を〝聞き取っていた〟のである。

植物は音を使って情報の交換をしているのだろうか？　それが本当なら、とても興味深い。私たち人間も音を使ってコミュニケーションをとる。もし木々も音を使えるなら、私たちは彼らのことをもっとよく理解できるようになるかもしれない。ブナやナラやトウヒの気分や体調が、私たちにも伝わってくる日がくるかもしれない。この分野の研究は始まったばかりで、まだまだわからないことがたくさんある。でも、あなたが森のなかで小さな物音を聞いたら、もしかするとそれは風の音ではないのかもしれない……。

# 社会福祉

うちの庭には木が多すぎるのではないか、木と木の間隔が狭すぎるのではないか、という相談をよく受ける。人々は、間隔が狭いと光と水の奪い合いになる、と心配するようだ。しかも、林業に詳しい人ほど不安がる。植林地では、幹をできるだけ早く伐採可能な太さにしなければならないので、大きな樹冠が均等に広がるように充分な間隔を確保する。そのために、五年ごとに邪魔になる木を切り倒すほどだ。

切られなかった木は一〇〇歳という若さで製材所送りになるので、少しぐらい不健康でもかまわない。不健康？　邪魔者がいなくて、たくさんの光を浴びて、水も充分に吸収できる木ほど、すくすくと元気に育つはずだ、不健康なはずがない。あなたもそう思っただろうか？　さまざまな種類の樹木が生える森では、たしかにそのとおりだ。それぞれの木が少しでも多くの光や水を得ようと競争する。

しかし、同じ種類の樹木同士ではそうはならない。すでに紹介したように、ブナなどの木は仲間意識が強く、栄養を分け合う。弱った仲間を見捨てない。仲間がいなくなると、木と木のあいだに隙間（すきま）ができ、森にとって好ましい薄暗さや湿度の高さを保てなくなってしまうからだ。つまり、局所的な気候が変わってしまう。最適な気候が維持できてはじめて、それぞれの木は自分のことを考え、自由に生長できるようになる。そうはいっても、完全に自由なわけではない。少なくともブナの木は〝公平さ〟に重きを置いている。

私が管理しているブナ林で、ある学生が興味深い発見をした。信じられないことに、そこにある木はどれもまるで申し合わせたかのように同じ量の光合成をしていた。どの木もそれぞれ違う環境に立っていて、土が柔らかい場所もあれば、石が多い場所もある。湿っぽい区画もあれば、乾燥しがちな土壌（どじょう）もある。栄養素がどれぐらい含まれているかも区画によってまちまちで、それこそ数メートルごとに環境が異なっている。条件が違うのだから、内部で合成される糖分の量もばらばらで、生長の早さもそれぞれ異なっている。それなのにどの木も同じだけの光合成をしているのはなぜだろう？

私はこう考える。太い木も細い木も仲間全員が葉一枚ごとにだいたい同じ量の糖分を光合成でつくりだせるように、木々は互いに補い合っている、と。この調節は地中の根を通じて行なわれているのだろう。根を使って、私たちが想像する以上の情報が交換されているにちがいない。豊かなものは貧しいものに分け与え、貧しいものはそれを遠慮なくちょうだいする。ここでも、菌類の巨大なネットワークが活躍し、出力調整機のような役割を果たしている。あるいはまた、立場の弱いものも社会に参加できるようにする社会福祉システム、といえるかもしれない。

ブナの場合、木と木の間隔が近すぎると生長できない、などということはない。逆に一メートルの範囲内に何本かが並んでいることもある。その場合、間隔が狭いので樹冠も小さくなる。その状態をよくないと考える林業従事者もたくさんいて、彼らは間隔をもっと空けるためにそのうちの一本を切り倒したりする。

ところがあるとき、リューベックの専門家が、密集しているブナ林のほうが生産性が高いことに気づいた。資源（主に木材）量の年間増加率が、密集林のほうが明らかに高いのだ。つまり、密集しているほうが木が健康に育つ。養分や水分をよりうまく分配できるからか、どの木もしっかりと生長してくれる。

窮屈そうだと思って、人間が手助けのつもりで〝邪魔者〟を取り除くと、残された木は孤独になり、お隣さんとの交流が途絶えてしまう。なにしろ、隣には切り株しか残らないのだから。すると一本一本が自分勝手に生長し、生産性にもばらつきがでてくる。一部の樹木だけがどんどん光合成をして、糖分を蓄える。そういう木は健康でよく生長するが、長生きすることはない。なぜなら、一本の木の寿命はそれが立つ森の状態に左右されるからだ。

連携を失った森にはたくさんの〝敗者〟が立ち並ぶことになる。養分の少ない土壌に立っている木。一時的に病気になってしまう木。遺伝的に欠陥のある木。そういったメンバーが、強いものから助けてもらえずに衰弱し、害虫や菌類の攻撃を受けやすくなってしまう。強者だけが生き延びるのは、進化の過程において当然のことだと考える人がいるかもしれないが、樹木の場合はそうではない。

樹木自身の幸せは、コミュニティの幸せと直接的に結びついている。弱者がいなくなれば、強者の繁栄もありえない。木々がまばらになると、森に日光と風が直接入り込み、湿った冷たい空気が失われる。その状態が続くと、強い木も病弱になり、まわりの木のサポートに頼らざるをえなくなる。そんなときにまわりに木がなければ、どんな巨木でも害虫がついただけで死んでしまう。

私自身、この助け合いを体験したことがある。林業を始めて間もないころ、私は若いブナの木に〝環状剝皮(かんじょうはくひ)〟を施した。地上一メートルのところで幹のまわりの樹皮をぐるりとはがすのだ。そうすると木は枯れてしまう。これは間伐法の一つで、木を切るかわりに枯れさせて、枯死木として森に残すのだ。枯死木は葉を失うので、倒さなくても隣にある生きた木のスペースが増える、という算段だ。皮をはがれた木が死ぬまでには数年かかる。残酷な話だと思っただろうか？　私もそう思う。だから、もう二度とするつもりはない。

樹皮をはがれたブナたちは必死に生きようとした。それどころか、現在まで枯れずに生きつづけた木もある。想像もできなかったことだ。樹皮がなければ葉でつくられた糖分が根に届かないからだ。本来なら、根に糖分が届かなくなった木は飢え死にし、水を吸い上げるのをやめ、枝葉に水分がなくなり枯れてしまうはずだ。それなのに、剝皮のあとも多少なりとも生長を続けた木がたくさんあった。

今の私にはその理由がわかる。まわりの木の援助によって生きつづけることができたのだ。地中のネットワークを通じて、栄養を分け合っていたのだろう。はがれた皮を再生することに成功した木も少なからずあった。

私は今では、自分がしたことの愚かさを恥ずかしく思っている。この出来事を通じて、木のコミュニティの団結力がいかに強いかを学ぶことができた。〝社会の真の価値は、そのなかのもっとも弱いメンバーをいかに守るかによって決まる〟という、職人たちが好んで口にする言葉は、樹木が思いついたのかもしれない。森の木々はそのことを理解し、無条件に互いを助け合っている。

# 愛の営み

木ののんびりした性格はその繁殖のしかたにも表われていて、少なくとも一年前から子作りの計画が始まる。毎年、春に愛が実を結ぶかどうかは、種属によって違う。針葉樹は毎年のように種子を飛ばすが、広葉樹はそうではない。広葉樹は、花を咲かせる前に仲間同士で意見の交換をする。次の春にしようか？　それとももう一年か二年待つ？　森の木々はできるだけ同時に花を咲かせたいと思っている。そうすることで多くの個体の遺伝子がうまく混ざり合うからだ。

その点は針葉樹も同じだが、広葉樹にはそうする理由がもう一つある。動物だ。イノシシやシカはブナやナラの木の実が大好きだ。木の実の五〇パーセント近くは脂肪と澱粉でできている。これほど栄養価の高い食べ物はほかにはない。つまり、木の実をたくさん食べれば脂肪がついて、イノシシやシカは寒い冬を乗り越えやすくなる。動物たちは秋になると、木の実を求めて森じゅうをくまなく探しまわる。すると、春には苗がほとんど育たない。それでは困るので、どの年に花を咲かせるか、みんなで相談するというわけだ。

花が毎年咲かなければ、イノシシやシカは困ることになる。花が咲かなかった年は、秋になっても実が落ちない。そのため、子をはらんだ動物の多くが寒くて餌の少ない冬を乗り越えられず、生まれてくる子孫の数が減ってしまう。草食動物の数が減ったころ、すべてのブナやナラの花が同時に咲き誇り、その後いっせいに実を落とせば、動物に食べつくされてしまうおそれはない。春になって無事に芽を出す種子の数も増えることになる。同時に、その年のイノシシの出生率は三倍になることが知られている。冬に充分な食料（木の実）を見つけることができるからだ。

ドイツではブナやナラが種を落とす年のことを〝肥育の年〟と呼ぶことがある。これは、かつて家畜の飼育者が、肥育の年になるとブタを森に放し飼いにしていたことからきている。森の木の実で太らせてから、食用に解体する。その翌年、木々はひと休みするので実を落とさない。イノシシの数はふたたび少なくなる。

数年ごとに花を咲かせるという、木々のこの戦略は、昆虫、特にミツバチの生活にも大きく影響する。イノシシと同じで、花が咲かない年にはミツバチの数が減る。少なくとも、増えることはない。では、ミツバチの数が減っても木は困らないのだろうか？

じつは、森の木々はミツバチなどの助けを必要としていない。数百平方キロメートルという広大な範囲に数えきれないほどたくさんの花が咲くのだから、少しぐらいミツバチがいたところで焼け石に水だ。木が必要としているのは、ミツバチより確実な受粉の方法である。

そこで頼りにされるのが〝風〟。風が花から花粉を吹き飛ばし、近くの木に運ぶ。風による受粉にはもう一つの利点がある。ミツバチが巣に閉じこもってしまうほどの低い気温（一二度以下）でも、風はおかまいなしに吹いてくれる。

針葉樹も風を利用する。おそらく同じ理由からだろう。本来、針葉樹は毎年花を咲かせるので、ミツバチの力に頼る必要はない。それにイノシシなどを心配する必要もない。トウヒなどの小さな実は動物の目には魅力的に映らないからだ。球果（松ぼっくりなど）を長いくちばしでつついて種子を食べる鳥もいるが、そういう鳥の数は少ないので、針葉樹にとって繁殖の邪魔にはならない。種を運んでどこかに保存しようとする動物もいないので、針葉樹は種にプロペラのような羽根をつけて遠くに飛ばそうとする。羽根があるために種は枝からゆっくりと落ち、風にのって移動できる。針葉樹には、ブナやナラといった広葉樹のように繁殖を数年ごとに制限する理由がない。

広葉樹に対抗心でも燃やしているのだろうか、針葉樹は膨大な量の花粉をつくることで知られている。風が少し吹いただけでも花粉の雲が宙に広がり、まるで木の下で火が燃えているかのようだ。

ここで疑問が浮かぶ。このような形の受粉で、どうやって近親交配（自家受粉）を避けているのだろうか？　樹木は多様な遺伝子と交配してきたからこそ、これまで生き残ることができた。みんながいっせいに花粉を飛ばせば、すべての木の花粉が混ざり合いながら森の上空を飛んでいくことになる。一本の木から舞い上がった花粉は同じところに密集しているので、自分の雌花に付着する可能性が高くなる。

だが、遺伝子の多様性を保つためには、これはけっしていいことではない。そこで針葉樹はさまざまな戦略を立てる。トウヒをはじめとした多くの種属は、まず〝時間〟に注目した。雄花と雌花が開く時期を数日ずらしたのだ。そうすることで、雌花がほかの木の花粉を受粉する可能性がぐっと高くなる。

一方で、受粉に昆虫の助けを必要とする広葉樹のミザクラは、そういう時間差作戦を実行できない。一つの花のなかに雄しべと雌しべの両方が含まれているからだ。ミザクラはミツバチを主な受粉手段としている数少ない森林種の一つであり、ミツバチがたくさんの花のあいだを飛び交い、花粉を運ぶからこそ受粉ができる。

そのため、自分の花粉が自分の雌しべに付着する危険性も高いのだが、ミザクラはとても敏感で繊細にできている。雌しべについた花粉が卵細胞に向かって管（花粉管）を伸ばすと、雌しべがチェックする。もしそれが自分の花粉なら花粉管をストップし、それ以上の侵入を許さない。ほかの木の花粉、言い換えれば〝有望な〟遺伝子を含む花粉だけを受け入れ、種子をつくって実をつける。

では、樹木はどうやって自分とほかの木の花粉を区別しているのだろうか？　この点については、はっきりとわかっていることは少ない。ただ、受粉により遺伝子が活性化されることと、その遺伝子が適合しなければ繁殖につながらないことだけがわかっている。花粉の違いを感じ取る、としか言いようがないのが現状だ。人間の愛も同じではないだろうか？　伝達物質の放出やホルモンの活性化だけが愛ではないはず。人間と同じで、樹木の愛もまだまだ謎に包まれている。

近親交配を徹底的に避ける樹木も存在する。そうした木では一つの個体が一つの性しかもっていない。たとえばバッコヤナギという木は、雄の木と雌の木に分かれている。そのため、自分の花粉を受粉することはありえない。ただし、ヤナギは森林種ではないため、森以外にも分布している。森のないところにはたくさんの花が咲き、草が茂る。

ヤナギは、そういう花や草がおびき寄せるミツバチなどを受粉に利用する。だが、そのせいで問題も起こる。ミツバチには、先に雄の木に行って花粉を体につけてもらい、それから雌の木に飛んできてもらわなければいけない。逆だと受粉できない。

ヤナギはそれをどうやってコントロールしているのだろうか？　研究の結果、次のことが判明した。まず、雄と雌の両方のヤナギがミツバチにとって魅力的なにおいを発散する。ハチが近くにやってきたら、今度は視覚を刺激する。雄のヤナギだけががんばって、花（尾状花序）を黄色に明るく輝かせるのだ。ミツバチはそれに気をそそられ、最初にそこで甘い蜜を吸ってからふたたび飛び立ち、次に雌の木の緑っぽい色をした花を訪問する。[7]

ここで紹介したどのケースでも、哺乳動物でいうところの近親交配、つまり近しい親戚同士での交配のおそれがある。それをできるだけ避けるためにも風やミツバチの力が必要である。どちらも長距離を移動できるため、少なくとも部分的には遠くにいる仲間の花粉を受け取ることができる。結果的に、地域における遺伝子の多様性を保つことができる。数本だけがほかの仲間から遠く離れて完全に孤立した場合には、多様性が失われて抵抗力が弱まり、数百年後には死滅してしまうだろう。

# 木の宝くじ

木はとても思慮深い存在だ。自分のエネルギーを生きるために必要な活動に慎重に振り分け、一部のエネルギーは自分の生長のために使う。枝を伸ばし、そのために増えた体重を支えるには幹を太くしなければならない。昆虫や菌類から攻撃されたときにすぐに葉や樹皮に撃退物質を送り届けられるように力を蓄えておく必要もある。

さらに、繁殖することも忘れてはならない。繁殖には多くのエネルギーが必要になる。毎年花を咲かせる樹木は、そのためのエネルギーをキープしている。だが、ブナやナラなど三年から五年おきにしか花を咲かせない樹木では、繁殖の年に生活のリズムが狂ってしまうようだ。繁殖以外のことにエネルギーのほとんどが費やされているからだろう。

それに、ドングリなどの木の実を大量につくる必要があるので、ほかの作業にあまりエネルギーを使うわけにもいかない。枝を見ればそれがよくわかる。そもそも枝には花を咲かせる場所が用意されていない。そこで、開花の時期が近づくとたくさんの葉に場所を譲ってもらう必要があり、開いた花がのちに枯れ落ちるとその木はなんともみすぼらしい姿になってしまう。開花した年に森林調査をしたら、調査結果はさんざんなものになるだろう。そうした樹木は同じ時期に花を咲かせるので、花の落ちたあとの森は一見したところ大病を患（わずら）っているように見える。

実際には病気ではないのだが、開花後の森が衰弱しているのは間違いない。花を咲かせるのに力を使い果たしたうえに、葉の数が減っているからだ。葉の少なさは、ほかの年よりも生産する糖分の量が少ないことを意味している。しかも、その大半が種子を満たす脂肪に変えられてしまう。自分のために使う分はほとんど残っていないのだから、外からの攻撃を防ぐエネルギーは確保できない。

その瞬間を手ぐすね引いて待っている昆虫がいる。たとえばブナゾウムシ。二ミリほどの大きさしかないこの虫が抵抗力を失った葉に数百万もの卵を産みつける。卵からかえった小さな幼虫は葉の表と裏の表面を食べ、茶色い染みを残す。成虫になってからは葉をかじり、たくさんの穴を開ける。まるで狩人が散弾銃を撃ったかのように穴だらけになる。特に被害がひどい年には、ブナ林を遠くから眺めても緑ではなく茶色っぽく見えるほどだ。

本来なら、木にはこうした攻撃に抵抗して虫の食事を文字どおり〝まずくする〟力があるが、開花によってエネルギーを失ってしまった年には、ひたすら耐えるしか道は残されていない。健康な木はこの危機を乗り越え、その後の数年でしっかり回復することができるだろう。だが、もともと病弱だった木は攻撃に耐えきれず死んでしまうこともある。とはいえ、弱った木も花を咲かせるのをやめる気はないようだ。それどころか、衰弱した木に限ってたくさんの花を咲かせることが知られている。おそらく、死んで自分の遺伝子が失われてしまう前に、なんとか子孫を残そうとするのだろう。

同じような現象は、異常気象で夏に空気が極端に乾燥している年にも見られる。樹木の多くが立ち枯れ寸前に追い込まれ、次の年にいっせいに花を咲かせる。ドングリが多い年の冬は寒くなると考える人がいるが、これは正しくない。開花の準備は前年の夏から始まるのだから、木の実の量はその年ではなく前年の天候を反映している。

抵抗力の弱さは種子にも表われる。ブナゾウムシは雌しべの子房に穴を開ける。すると、子房で受精したのちに実がなっても、その内部には空洞ができてしまい、発芽することはない。

正常な種子が木から落ちたとき、それがいつ発芽するかは種属によってさまざまだ。

どうしてだろうか？　柔らかく湿った土に落ちていて、春の暖かい日差しを感じたのならすぐに発芽すべきではないだろうか？　イノシシやシカは春もおなかをすかせているので、種子にとって地面に転がっているのはとても危険で、できるだけ早く生長したほうがいいはずだ。

実際、ブナやナラのように大きめの実をつける樹木は、できるだけ早く発芽することで草食動物の目から逃れようとする。もとよりずっと地面で転がっている気などないので、種子には菌類やバクテリアに長い期間抵抗する手段も備わっていない。したがって、発芽時期を逃し、夏が始まってもまだ地面に横たわっているお寝坊さんは次の春までに腐ってしまう。

一方で、発芽しないまま数年の時を過ごせる樹木も存在する。そういう樹木は動物に食べられてしまう危険性が高くなるが、大きなメリットもある。雨が少ない春に発芽したら、苗が乾燥してしまうかもしれない。落ちた場所がたまたまシカのお気に入りの場所だったら、芽を出したところですぐに食べられてしまうだろう。それでは繁殖に費やしたエネルギーがすべて無駄になってしまう。

逆に、種子の一部が、一年後、あるいは二、三年後に発芽できれば、そのなかに無事に木に育つものがいる見込みは高くなる。その代表例がナナカマドだ。ナナカマドの種子はいい条件がそろうまで五年も待つことができる。典型的な先駆種、つまりナナカマドのように、伐採跡などの明るい裸地に真っ先にやってきて定着する植物には、うってつけの戦略といえるだろう。

ブナなどの木の実は生みの親の足元に落ちて、安定して湿った森の空気のなかで育つが、ナナカマドの場合、種子の落ちる場所は偶然に左右される。その苦い実を食べた鳥が、種子を含む糞をどこに落とすかわからないからだ。もしそこがまわりに木のない開けた場所で、その年が特に気温が高くて乾燥していたなら、数年待って、もっと条件のいい年に発芽したほうが好都合になる。

では、発芽したあとはどうだろう？　幼木が生長して、子孫を残せるほど大きくなる可能性はどれぐらいあるのか？　この問いには比較的簡単に答えることができる。統計上、一本の親木は一本の木を立派に育て、自分のいる場所を譲り渡す。それが終わるまでたくさんの種が芽を出し、親の足元の木陰で生長するが、ライバルが多いため、数年後、あるいは数十年後には力尽きてしまう。数十を超える年齢の違う兄弟たちが母親の足元で生活している。そのうちのほとんどが最後はあきらめて土に還っていくことになる。なんの苦労もなく生長できるのは、風や動物に運ばれて、森のなかでもたまたまライバルのいない場所に落ちたラッキーな種子だけだ。

統計に話を戻そう。一本のブナは五年ごとに（最近では気候変動の影響で二年から三年ごとになりつつある）少なくとも三万の実を落とす。立っている場所の光の量にもよるが、樹齢八〇年から一五〇年で繁殖ができるようになる。寿命を四〇〇年とした場合、その木は少なくとも六〇回ほど受精し、一八〇万個の実をつける計算だ。そのうち成熟した木に育つのはたった一本。それですら森にとってはとてもラッキーなことで、宝くじの一等を当てたようなものといえる。残りの種や苗は動物に食べられたり、菌に分解されたりする。

生存率がもっと低い木もある。たとえば、ポプラは毎年最大で二六〇〇万個の種をつくる。[8] 自分がブナだったらよかったのに、とポプラの種は思っていることだろう。なにしろ、大人のポプラは寿命がくるまでに一〇億を超える種をつくり、綿に包んで風に飛ばす。それでも統計上はたった一本しか勝者はいないのだから。

# ゆっくり、ゆったり

木はゆっくりと生長する。私自身、そのことをよく理解していなかったようだ。私が管理する森のなかに一メートルから二メートルの高さの若いブナが生えている区画がある。せいぜい一〇歳ぐらいだろうと考えていた。だが、林業に従事するものとしてだけでなく、もっと広い意味で樹木の秘密に興味をもちはじめたころ、改めて観察してみようと思った。

若いブナの木の年齢は、枝にあるこぶを見ればだいたいの見当がつく。細かいしわのある小さなこぶだ。毎年つぼみの下にできるのだが、つぼみが開いて次の年に枝が伸びると、こぶだけがその場所に残る。毎年これが繰り返されるので、こぶの数を数えれば樹齢がわかる。ただし、枝の太さが三ミリを超えるころには、こぶも樹皮に沈んで見えなくなってしまう。

私が調べたブナの若木では、二〇センチの長さの枝に二五個もこぶがあった。幹はすでに数センチの太さだったのでこぶはもう見えなかったが、枝の様子から察するに、その木は少なくとも八〇歳を超えていただろう。当時の私には信じられないことだったが、天然の森について知れば知るほど、その数字にも納得できるようになった。

若木はどんどん生長したがる。一年で五〇センチほど大きくなれるほどの力をもっている。だが、母親がそれを許さない。子どもたちの頭上に大きな枝を広げ、まわりの成木たちといっしょに森に屋根をつくる。その屋根を通り抜けて子どもたちの葉に届く日光は、数字にするとたった三パーセントといわれている。ほぼゼロといってもいいほどだ。

その程度の光では、なんとか死なずにすむだけの光合成しかできない。ぐっと背を伸ばしたり、太ったりするのは無理だ。そもそもエネルギーがないのだから、この教育方針に逆らえる子どもなどいない。教育方針？　そう、これは子どもたちのためを思った教育なのだ。たとえとして〝教育〟と言っているのではない。林業を営むものは、昔からこの〝教育〟という言葉を使っている。

教育の手段は光をさえぎることにある。では、光を少なくすることがどうして教育に役に立つのか？　親たちは自分の子孫が早く生長して自立するのが気に入らないのだろうか？　木は、そんなことはないと反論するだろう。最近の研究でも、親木は子どものためを思って光を少なくすることを裏付ける証拠が見つかった。それによると、若いころにゆっくりと生長するのは、長生きをするために必要な条件だという。

植林された木は最高でも八〇年から一二〇年で伐採（ばっさい）され加工されるが、この数字に惑わされてはならない。野生の樹木は一〇〇歳前後でも鉛筆ほどの太さで、背の高さも人間程度しかない。ゆっくりと生長するおかげで内部の細胞がとても細かく、空気をほとんど含まない。おかげで柔軟性が高く、嵐がきても折れにくい。抵抗力も強いので、若い木が菌類に感染することはほとんどない。少しぐらい傷がついても皮がすぐにふさいでしまうので腐らない。優れた〝教育〟こそが長生きの秘訣（ひけつ）なのだ。

そのかわりに、子どもたちはずっと我慢を強いられる。少なく見積もっても八〇歳を超えていると思われる私の森のブナの若木たちは、樹齢およそ二〇〇年の母親の下に立っている。人間の年齢に置き換えると、彼らはおよそ四〇歳。この〝若造たち〟が義務教育を終えて独り立ちするまでにはあと二〇〇年ほどかかるだろう。だが、子どもたちは一方的に我慢を強いられているわけではない。根を通じて母親が子どもたちとつながり、糖分をはじめとした栄養を与えるからだ。人間の母親が赤ん坊に母乳を与えるのと同じことが行なわれている。

若木がまだじっと我慢する時期にあるのか、それともそろそろ一気に背を伸ばそうとしているのかを見分ける方法がある。モミやブナの若木をよく見ていただきたい。高さよりも枝の広がる横幅のほうが広い場合はまだ待機中。背を伸ばすほどのエネルギーがないので、枝を広げてできるだけ多くの光を取り込もうとしている状態だ。この時期にはとても敏感な薄い葉が生える。多くの場合、そうした木はまるで、平らな盆栽のように、幹の先端がどこにあるのかよくわからない形をしている。

でも、いつか親の木が病気になる、あるいは寿命が尽きるときが必ずやってくる。そんなときに嵐がきたら、降り注ぐ雨が樹冠をさらに重くして、朽ちかけた幹がその重さに耐えきれずに崩れ落ちる。親木が地面に倒れるとき、まわりの若木の一部も巻き添えをくらうだろう。

一方、生き残った子どもたちには、親がいなくなってできた隙間（すきま）から希望の光が差し込んでくる。ようやく好きなだけ光合成をするチャンスがきたのだ。しかも息を引き取る瞬間、母親が自分に残された最後の力を、根を通じて子どもたちに託す。環境の変化にうまく対応してくれ、と。

これは、ブリティッシュコロンビア大学のスザンヌ・シマードが発見した事実だ。子どもたちはその期待に応えようとする。まず、変化した光の量と強さに合わせて代謝を調節しなければならない。光合成をするには、強い光に耐えられる葉も必要だ。こうした変化には一年から三年の年月がかかる。それが終わればいよいよラストスパート。子どもたちは競い合うように生長を始める。誰よりも早くまっすぐ上に伸びたものが勝者だ。

ここで出遅れると将来は閉ざされてしまう。右や左に寄り道する腕白小僧にも勝ち目はない。まっすぐ育った仲間たちの葉の陰に隠れてしまうからだ。そこには、母親の下にいたころよりも少ない光しかなく、自分よりも大きくなった仲間たちが光のほとんどを消費してしまう。出遅れたものたちは、命が尽き、土に還（かえ）るしかない。

スタートに成功した若木にも、ゴールまでには多くの危険が待ちかまえている。明るい光が光合成を活発にして生長をうながすと、芽に含まれる糖分が増える。シカにとっては、それまではどちらかというと硬くておいしくなかった芽が、甘いおやつに変わる。こうして、若木の一部はおなかをすかせた草食動物に食べられてしまう。でも、若木はたくさんあるので、食べつくされることはない。

突然光が増えるという幸運を草花も利用しようとする。たとえばハニーサックル（ニオイニンドウ）。蔓（つる）植物のハニーサックルは、若木の幹に――律義にもいつも右まわりるからだ。

で——巻きつく。そうすることで木といっしょに自分も大きく生長し、日光を浴びられ

しかし、数年のあいだに蔓が幹に食い込み、若木を絞めつけるようになる。その結末は運しだいだ。成木が森の屋根をふたたび閉じて、あたりがまた暗くなってしまえば、ハニーサックルは死に、若木には傷跡だけが残る。その一方、死んだ母親の木がとても大きく、その後は明るい環境がずっと続く場合には、木のほうが絞め殺されてしまう。ただし、そんな不運な木も人間にとっては役に立つ。その木から、独特なねじれ方をした杖をつくることができるからだ。

すべての困難を乗り越え、すらっとした少年に育った木にも、遅くとも二〇年後には次の試練がやってくる。二〇年も経つと、まわりの成木が枝を広げ、母親の木が開けた穴を閉じてしまう。隣の木がいなくなったのをいいことに、少しでも多量の光合成をしようと枝を伸ばすのだ。

屋根が閉じると、その下はふたたび暗くなり、生長中だった若い木はまた待機モードに戻る。そうなると、いつか近隣の大木が倒れて光が差し込むまでじっと我慢するしかない。それまでには数十年かかるかもしれない。だがこの時点ですでに勝負はついている。きちんと生長してきた木には、もうライバルはいない。残った木々は、いわば正統

な継承者として選ばれた存在だ。次の機会で立派な成木になることだろう。

## 木の作法

森の樹木には守るべきマナーがある。原生林のメンバーとして身だしなみを整え、きちんと行動しなければならない。素直に生長した広葉樹は幹がまっすぐで、繊維も均等に走っている。根はきれいな円を描くように広がり、幹の真下では地中深くに伸びている。若いころに幹のなかほどから伸びた枝は落ち、その跡は新しい樹皮で覆(おお)われるので、凹凸(おうとつ)のない柱ができあがる。幹のいちばん上の部分だけが、空に向かって斜(なな)めに突き出した腕のように力強い枝を均等に広げる。このような理想の形をした木は長生きする可能性が高くなる。針葉樹でもだいたい同じことが言えるが、樹冠の枝が水平に、場合によっては少し下向きに伸びることもある。

どうして身だしなみが大切なのか？　樹木は美意識が高いのだろうか？　その答えは

私にもわからないが、一つだけ確かなことがある。理想的な形をしていれば安定するという点だ。生長した木の大きな樹冠は、強風や激しい雨や大雪にさらされることになる。そのときにのしかかる圧力は幹を伝って根に送られ、根はそれに耐えなければならない。でなければ倒れてしまう。だから根は地中で土や石にしがみついている。暴風は最大二〇〇トンに相当する力で木を根こそぎ押し倒そうとするのだから。[9] どこかに弱点があれば、幹がひび割れ、最悪の場合は完全に折れてしまう。きれいな形をしていれば、圧力を均等に誘導して分散できる。

マナーを守らない木は大変だ。たとえば幹が曲がっている木は、ふだんから悩みを抱えている。樹冠の重さがうまく分散されずに、幹の一部にのしかかるからだ。木は折れてしまわないように、幹のその部分を強くしなければならない。年輪で色が特に濃くなっている部分がそれだ。色が濃いのは、その部分に空気が少なく、身が詰まっていた証拠である。

幹がふたまたに分かれている木、いわゆる股木（またぎ）はさらに大変だ。風が吹くと、それぞれが樹冠をもつ二本の幹が揺れるので、股の付け根の部分にものすごい力がかかる。そこが丸みのある〝U〟字形をしていればまだいいが、鋭角の〝V〟字形だといちばん深い部分で裂けてしまう。

けがをした木は、もう二度と裂けたくないとばかりに傷を修復するので、その部分にこぶのような膨らみができる。しかし、ほとんどの場合は無駄な努力に終わる。その場所から樹液があふれ出て、バクテリアの影響で黒くなってしまうからだ。さらにそこに水がたまって裂け目に染み込み、腐食が始まる。結局、股木の多くは裂けてしまい、安定しているほうの幹だけが残る。半分になった木は、運がよくてもその後数十年程度しか生きられない。大きな傷口が完全に治癒することはなく、菌類が内部をむしばんでいくためだ。

樹木のなかには、まるでバナナを手本にしているかのように、地面から斜めに伸び、途中から上に向かう形をしているものがある。姿勢に無頓着なのだろうか？　そうした木が見つかるのは珍しいことではない。森の一区画の木がすべてそんな形をしていることも多い。これは超常現象なのだろうか？

いや、そうではない。まわりの環境が木をそのような形にするのだ。たとえば、山地における森と他の区画との境界付近。冬になると数メートルの雪が積もり、ときに雪崩が発生する。雪崩が起こらないときでも、雪は私たちの目にはわからないほどゆっくりと谷のほうに向かってずり落ちていく。そのせいで木は、特に若い木は曲がってしまう。幼木はこれを気にしないようで、雪が溶ければまたまっすぐに立ち直る。だが、二、三メートルぐらいの高さにまで生長すると、雪の重みで幹が曲がったままになり、最悪のケースでは折れてしまう。曲がった木は、ふたたび真上に伸びようとする。しかし、木というものは幹の先端しか生長できないので、幹の下のほうの斜めに傾いた部分がまっすぐに立ち直ることはない。次の冬にはまた雪に押されることになるが、先端部分は上に向かって生長する。

これが数年間続くと、木の形はしだいにバナナのように曲がっていく。さらに長期間生長しつづけてはじめて、雪に負けない丈夫な幹ができあがる。上のほうは普通の木のようにまっすぐに伸びるが、低い部分はバナナの形のまま、というわけだ。

傾斜地ではときには雪がなくても同じことが起こる。ここで谷に向かってゆっくりと滑るのは、雪ではなく地面自体だ。ほんの数センチの地すべりであっても、木は上に向かって生長しながら地面といっしょにゆっくりと傾いていく。

さらに極端な例がアラスカやシベリアで観察されている。そこでは温暖化のせいで永久凍土が溶けたために地盤が柔らかくなり、木々が安定を失って倒れてしまう。木々はばらばらな方向に倒れるので、そこはまるで酔っ払いが暴れたように雑然としている。だから学者たちはそうした木を〝酔っ払いの木（ドランクンツリー）〟と名付けた。

森でもっとも外側に立っている木も、姿勢にはあまり気を遣わないようだ。隣の草原や湖から光が差し込んでくるので、大木の陰に立つ小さな木でさえ、開けた地形のほうに頭を向けて生長できる。特に広葉樹は幹の根元と先端が一〇メートルもずれ、腰を曲げたような姿勢になることがある。もちろん、そうした木は折れやすい。大雪が降ったら、ひとたまりもないにちがいない。だが、広葉樹は、たとえ短い生涯でも光を浴びて繁殖できるならそれでいい、光を浴びることのないまま死んでいくよりよっぽどましだ、と考えるのだろう。

一方、ほとんどの針葉樹はいちずな頑固者だ。ひたすらまっすぐ育とうとする。つねに重力に逆らって伸び、直立姿勢を崩そうとしない。森の端でも、枝を少し外側に向かって長く伸ばす程度で、広葉樹のように腰を曲げることはない。例外はマツだ。マツの木だけは針葉樹のしきたりを守ろうとせずに、頭をいろいろな方向に向ける。そう考えると、針葉樹のなかでマツがいちばん雪の被害に遭いやすいのも不思議ではない。

# 木の学校

空腹とのどの渇き、樹木にとってはどちらのほうがつらいだろう？　答えは〝のどの渇き〟。なぜなら、樹木は自分で空腹を満たせるからだ。パン屋がパンに困ることがないように、木も光合成をすればおなかがいっぱいになる。しかし、パン屋は水がなければパンを焼けないのと同じで、木も水がなければ何もできない。

ブナの成木の内部では、毎日五〇〇リットルを超える水が枝や葉を駆けめぐっている。土壌に水分が充分にあるなら、その水を必要なだけ吸い上げる。[10]だが、暖かい時期、特に夏は土地が乾きやすく、雨がいくら降っても水分の補充が追いつかない。だから、森は冬のうちに水を蓄えておく。冬にはほとんどの植物が活動を停止し、水の消費量をゼロまで落とす。そのため、冬から春にかけてため込んだ水分で、夏の初めまでもちこたえることができる。

　だが、問題はそのあとだ。二週間ほど雨の降らない暑い日が続けば、ほとんどの森は水が足りなくなってしまう。こうした水不足にいちばん苦しむのが、ふだんは水が豊富な場所に立つ木々である。そういう木は〝節約〟というものを知らないまま、贅沢に育ってきた。水をどんどん使うので、たいていはとても大きな木になる。ところが、やがてそのツケがまわってくる。

　私の森では、たとえばトウヒが贅沢のすえに痛い目に遭うようだ。彼らは〝破裂〟してしまう。地面が乾いているのに枝の針葉が水をよこせと要求しつづけると、乾燥した幹に過剰なストレスがかかり、そのうち、樹皮がミシミシと音を立て、一メートルを超える裂け目ができる。そのひび割れはとても深く、木にとっては大けがだ。そこから菌が入り込み、木を内側から破壊してしまう。そうなったトウヒは次の数年で傷口をふさごうとするが、ちょっとしたことで傷はまた開く。樹脂があふれて黒くなった裂け目は、遠くからも一目瞭然。木の苦しみが伝わってくるようだ。

　これが〝木の学校〟である。残念ながら、木の学校では教育の手段としていまだに暴力が用いられる。自然は厳しい先生だ。注意散漫で、まわりの状況に合わせられない木は容赦なく罰せられる。幹の内部のひび割れ、樹皮の裂け目、敏感な生長部位（形成層）の損傷。樹木にとってこれ以上の苦しみはないだろう。

木はそうしたことに対処しなければならないが、傷口をふさぐだけでは充分ではない。春になったからといって土壌にある水分をやみくもに吸い上げるのではなく、有効に利用する方法を覚える必要がある。痛い目に遭った木はあらたに質素な生活に慣れ、たとえ土地が潤っていても水を節約することを学ばなければならない。

しかしながら、どのトウヒも生まれつき贅沢というわけではない。私の森から一キロほど離れた場所に南向きの傾斜がある。岩が多くて乾いた土地だ。ある夏、私はそこでも水不足のせいでたくさんの被害が出るだろうと考えていた。だが、予想はみごとに裏切られた。そこにいるトウヒは、贅沢な環境にあった仲間たちよりもはるかに丈夫だった。その場所は日差しが強く、土地も水をあまり蓄えることができない。一年を通して水が少ないのに、トウヒたちは元気だった。そこの木々はほかに比べて生長はゆっくりなのだが、おそらく少ない水分でうまくやっていく術（すべ）を身につけているのだろう。そのため、乾燥した年も乗り越えられるのだ。

水不足に対処する方法を学ぶことだけが、樹木に学習能力があることを示す例ではない。樹木は〝安定性〟についても学習する。木は基本的に怠（なま）けものだ。隣にしっかりとした木があるなら、自分も幹を太くして、自分の足でしっかりと立とうとしなくなる。

隣の木に寄りかかって生きていけるのならそれでいい、と考える。

しかし中央ヨーロッパでは、数年に一度、森林管理者が機械をもって森に入り、木々のおよそ一〇パーセントを伐採する。自然の森でも、年老いた木が自分に寄りかかる木を残して倒れてしまう。その結果、残されたブナやトウヒは頼る相手を失い、自分の足、いや、自分の根で立たなければならなくなる。

木の動きはとてもゆっくりなので、そうした木がきちんと安定するまでには三年から一〇年かかる。安定するまでは風が吹くたびにあっちへこっちへとふらつくため、幹にたくさんの小さなひび割れができる。ひびができたところは補強しなければならない。それにはたくさんのエネルギーが必要なため、木が上に向かって生長する余力がなくなってしまう。

ところが幸いにも、隣の木がいなくなったおかげで屋根に隙間ができ、光はそれまでよりもたくさん差し込む。とはいえ、増えた光を有効に利用できるようになるまでにはさらに数年の歳月がかかるが。薄暗い光でも光合成できるように、もとからあった葉はとても繊細で、光に敏感に反応するようにできている。そこに突然、強い日差しが降り注いでくるのだから、葉の多くがやけどを負ってしまう。新しい芽の準備は一年前の春から夏にかけて始まるので、次に出てくる芽はまだ繊細なままだ。

つまり、広葉樹の場合、強い光に適応した葉が広がるのは早くても二年後になる。針葉樹では、古い葉が落ちるまでに七年かかることもあり、この期間はもっと長くなってしまう。木がひと安心できるのは、すべての葉が生え替わったときだ。つまり、幹が太く安定したものになるかどうかは、まわりの状況にいかにうまく適応できるかで決まる。

この危機と学習のプロセスを、天然の森の木々は生涯で何度も経験する。そして、いなくなった木が空けた隙間にまわりの木が枝を伸ばして、ふたたびその空間は閉ざされる。それが終わると、木々はまた寄り添い合う。そうしてようやく、上に向かって生長したり太くなったりすることにエネルギーを使えるようになる。数十年後、また次の木がいなくなってしまうまでは。

〝学校〟に話を戻そう。木に学習能力があるのなら（その証拠はたくさん見つかっている）、学んだ知識はどこに記憶されているのだろうか？　木は、情報の保存や加工をつかさどる脳をもっていない。樹木だけでなく、すべての植物がそうだ。そのため、研究者の多くは植物に学習能力があることを疑っている。林業関係者も、それはただの空想だと考える人が少なくない。

しかし、オーストラリアの研究者モニカ・ガリアーノが木の学習能力についても証明してくれた。彼女は熱帯植物のミモザを研究した。ミモザは高く育たないので木より研究がしやすく、触れると羽根のような葉を閉じる習性がある。検証するために、ミモザの葉に一定の間隔で水滴を落としてテストした。初めのうちは葉がすぐに閉じたが、しばらくすると水滴を落としても葉は開いたままで閉じなくなった。閉じなくても危険ではないと学んだからだ。さらに驚いたことに、数週間の中断をはさんでからテストを再開すると、ミモザは前回に学習したことを覚えていたのだ。[11]

ブナやナラの成木は大きすぎて、研究室でその学習能力を調べられないのが残念でならない。ただし、戸外での研究を通じて、水と関連して興味深いことがわかっている。のどがとても渇いた木は叫びはじめるのだ。とはいえ、私たちが森に入ったところで実際には何も聞こえてこない。その叫びは超音波の声だからだ。

この声を記録したスイス連邦森林・雪・景観研究所の研究員は、根から葉に向かう水の流れが幹で途切れることで震動が生じて超音波が発生すると説明する。[12]つまり、純粋に物理的な現象にすぎず、この音自体にはなんの意味もないと考えている。しかし、本当にそうだろうか？　私たち人間も声を出すが、それ自体は〝気管からの空気が声帯を振動させる〟という物理的な現象でしかない。加えて、「木の言葉」の章ですでに紹介した〝根が鳴らす音〟の研究結果とも照らし合わせて考えた場合、渇きによる震動音も何らかの意味をもっていると考えてもおかしくはないだろう。もしかすると、迫りくる水不足を仲間に伝える警報かもしれない。

# 力を合わせて

樹木は助け合いが大好きで、社会をとても大切にする。だが、森林の生態系を維持するには、それだけでは不充分なのだろう。どの種類の木も、ほかの種を追い出すために自分たちの生きる場所を拡大しようと力を尽くす。こうした競争においては、光と並んで水が大切になる。木の根は湿った土を探す名人だ。できるだけたくさんの水を吸うために、細毛を伸ばして根の総面積を広げる。これだけでも充分だが、いざというときの備えがあればさらに安心だろう。

そこで、数百万年も前に、樹木は菌類（キノコ）と同盟を結ぶことにした。菌類は興味深い生き物だ。私たちは動物と植物を区別するが、菌類はこのどちらにも当てはまらない。植物は命のないもの、つまり光などの無生物を利用して生きている。ほかの生物には依存していない。不毛なむきだしの土地に最初に定着するのが動物ではなくて植物なのもそのためだ。

動物は、生きるためにほかの生き物を食べなければならない。ちなみに、草や苗木も、ウシやシカに食べられるのを快く思っていない。オオカミに襲われるイノシシと同じで、シカにかじられるナラの苗も痛みと死の恐怖を感じている。

菌類は動物と植物の中間のような存在だ。菌類の細胞壁は、昆虫によく見られ、植物には含まれていないキチンという物質でできている。つまり、菌類は植物よりも昆虫に近い。そのうえ、光合成もできないので、ほかの生き物から栄養を得るしかない。

さらに、数十年かけて地中に菌糸体(きんしたい)（地下を走る菌糸の集合体）を広げていく。たとえば、スイスのナラタケというキノコはおよそ一〇〇〇年生きつづけ、〇・五平方キロメートルもの大きさになることが知られている。[13] アメリカのオレゴン州では、九平方キロメートルの範囲に広がり、重さ六〇〇トン、推定年齢二四〇〇歳というキノコが見つかった。[14] つまり、地球上でもっとも大きな生き物は菌類、キノコということになる。ところが、これら巨大キノコは樹木の敵である。栄養を求めて樹木の組織を殺してしまうからだ。

では、木にやさしいキノコに注目してみよう。それぞれの樹木には、その木に適応したキノコがある。たとえば、ナラに対してはチョウジチチタケ。チョウジチチタケの菌糸体を利用して、ナラは根の総面積を数倍にも増やし、自分の力だけでは集められないたくさんの水分と栄養を吸収する。キノコと手を結んだ木の内側には、そうでない木と比べて、窒素やリンなどの生きるのに欠かせない成分が二倍はあるという。

木は一つのキノコと関係を結ぶことに積極的であるにちがいない。なにしろ、菌糸は非常に繊細な根毛のなかにまで入り込むのだから。それに痛みがともなうのかどうかはまだ明らかになっていないが、木にとってはありがたい関係なので、木は苦痛ではなく、むしろ心地よく感じているのではないかと私は想像している。

いずれにしても、関係を結んだそのときから、両者は力を合わせて生きていくことになる。菌糸は根を包むだけでなく内部にも入り込み、しかもそのまわりの土のなかにも広がっていく。さらに、その木の根の範囲を越えて、ほかの木にも手を伸ばす。そして、ほかの木のパートナーになったキノコの菌糸やその木の根とも結びつく。こうしてネットワークが形成され、栄養や（害虫警報などの）情報の交換ができるようになる（「社会福祉」の章を参照）。要するに、菌類は森のインターネットといえよう。

ところが、樹木のためにこれだけの〝ケーブル網〟を広げてあげる以上、キノコはそれなりの見返りを要求しはじめる。菌類は自分で栄養をつくることができないので、ほかの生き物の栄養を必要としている。どちらかというと動物に近い存在といえるかもしれない。栄養が手に入らなければ餓死する。そこで、パートナーの樹木から糖分やほかの炭水化物を譲り受けるのだが、少しの量では満足できない。インターネットサービス料金として、木がつくった栄養の三分の一をよこせ、と迫るのだ。[15]

これほどの量の栄養がかかっているのだから、サービスに手を抜くことはない。まず、自分が接する根の先に耳を傾け、木がどんなことを考えているのかを察知する。さらに必要に応じて、たとえば植物ホルモンを放出して、木の細胞の生長を後押しすることもある。[16]フィルターとしての役割を果たし、重金属を濾過することもある。重金属は菌類にとっては無害だが、根にとっては害だからだ。濾過した重金属は、秋になると子実体に現われる。子実体とは、私たちがいわゆる〝キノコ〟として収穫する部分のこと。一九八六年のチェルノブイリ原発事故で地面に拡散した放射性セシウムがキノコのなかに見つかることが多いのは、このプロセスによるものだ。

キノコは医療サービスも提供する。バクテリアや有害な菌類などの侵入から木を守り、何も問題が起きなければ、キノコと木は数百年間いっしょに生活する。しかし、たとえば空気中に有害物質が増えるなど、状況が変わったとたんに菌は死んでしまう。そんなとき、木はたいして悲しまずに、次に足元にやってきた菌類と仲良くするようだ。やってくる菌がいなくなったときだけ、木の健康が脅かされる。

一方、菌の側から見たパートナー選びは真剣そのもの。菌類の多くは特定の樹木を探し出して定着し、自分の繁栄と没落をその木に委ねる。このように、限られた種類の樹木（シラカバやカラマツなど）にしか定着しない菌類の習性を〝宿主特異性〟と呼ぶ。

複数の種類の木と手を結ぶことができる菌類も存在する。たとえばアンズタケは地中に場所さえ空いていれば、ナラともブナともトウヒとも結ばれる。ただし、競争は大変激しいようだ。ナラ林には一〇〇種類ほどの菌類が存在し、その多くが一本の木の根元に集まっている。ナラにとっては好都合だ。今のパートナーが何らかの理由で死んでも、次の候補者たちがすぐそこにいるのだから。

最近の研究では、菌類も完全に一つの木だけに依存しているわけではないことがわかってきた。菌糸の地下ネットワークは、一種類の木だけを結びつけるのではなく、ほかの種類の木ともつながっていることが判明した。研究者がシラカバに注射した放射性炭素が、菌糸のネットワークを通って近くのダグラスファー（ベイマツ）の木に移動したのが確かめられたのだ。枝葉と根を使って異なった種類の樹木が激しい縄張り争いを繰り広げる一方で、菌類がその仲を取りもっているといえるだろう。ただし、自分の宿主でない種類の木もサポートしているのか、それともキノコ仲間だけに手を貸しているのかについては、詳しいことはわかっていない。

私は樹木よりも菌類のほうが少し〝利口〟なのではないかと考えている。どの樹木もライバル種属を打ち負かそうとする。しかし、もしすべての森がたとえばブナだけで覆(おお)いつくされたら……。それはブナにとって好ましいことなのだろうか？　もしそこで新しい病原菌が生まれてブナに感染したら？　そんなときのためにも、やはり複数の種属がいっしょにいるほうがいいように思える。

ブナの多くが病気になっても、元気なナラやカエデやモミが森に陰をつくりだし、若いブナに生長するチャンスを与えてくれるだろう。多様性こそが原生林を維持するカギとなる。菌類といえども、安定した環境のなかでしか生きていけない。一つの樹木種だけが支配する世の中では困るのだ。だから、ほかの種にも手を貸して、その種が完全に駆逐されるのを防いでいるのではないだろうか？

それでも菌類は、生活に困窮すると凶暴になる。ストローブマツという木に共生するオオキツネタケがその例だ。窒素が不足すると、オオキツネタケは毒を地面に放出し、トビムシなどの小さな生き物を殺してしまう。そして、死んだ生き物が分解されるときに生じる窒素を木とキノコが利用する。いわば自家製の肥料だ。[17]

樹木にとって、菌類はいちばん大切なパートナーだが、それ以外にもたくさんの協力者がいる。たとえばキツツキ。〝協力者〟は言いすぎかもしれないが、少なくともキツツキは樹木の役に立っている。トウヒなどの樹木にとって、キクイムシは大変な脅威となる。この小さな昆虫は繁殖力が強く、あっという間に木の内部や形成層を食べつくしてしまうからだ。キクイムシの発生を察知したキツツキは、すぐに現場に駆けつけ、木を上へ下へと移動しながら幼虫を探し、見つけたものを片っ端からくちばしでつつき出す。そのせいで樹皮の一部がはがれ落ちはするものの、その木はより大きな被害から守られる。

それに、もし助けが間に合わずにその木が死んでしまったとしても、キツツキのおかげで幼虫がいなくなるので、少なくともまわりの木に被害が広がることはない。ただし、キツツキの巣穴を見ると、キツツキは木の健康を願っているわけではないことがわかる。キツツキは健康な木に穴を開けて、つまりけがをさせてからそこに巣をつくる。ナラの木をタマムシの攻撃から守ったりするのは、単なる偶然なのだ。ちなみに、乾燥した年に水分が不足したナラは自分を守る力がないので、タマムシの格好の餌食(えじき)になる。

タマムシに襲われた樹木の救世主となるのが、深紅の翅(はね)が特徴的なアカハネムシだ。その成虫はアブラムシの排泄物(はいせつぶつ)と樹液を餌としているが、幼虫は樹皮の下にいるタマムシの幼虫の肉を食べる。こうしてナラの多くがアカハネムシのおかげで生き延びられるが、アカハネムシにとってはいいことばかりではない。ほかの昆虫の幼虫を食べつくしてしまったら、アカハネムシの幼虫同士が共食いを始めるからだ。

## 謎めいた水輸送

木々はどうやって、水を根から葉まで届けることができるのだろう？　この問いほど、現在の森林研究の状況を如実に示しているものはないように思える。痛みなどの感覚やコミュニケーションといったテーマに比べて、水分の輸送は比較的簡単に研究できる現象のはずだ。あまりに基本的な問いなので、これまではずっと、大学の研究においても単純な説明が繰り返されてきた。

私も学生たちに、樹木における水の輸送について質問することがある。すると、いつも同じ答えが返ってくる。〝毛管力（毛管現象）〟と〝蒸散〟が働いているからだ、と。毛管力は誰もが観察できる現象だ。朝食のとき、コーヒーを注ぎすぎてもすぐにこぼれずに、カップの縁から数ミリ水面が盛り上がっているのを見たことがあるだろう。これは毛管力が働いているからだ。毛管力がなければ、水面は完全に水平になるはずだ。

容器が細くなればなるほど、液体は重力に逆らって水面をより高く押し上げる。木の内部を走る水の通り道、いわゆる導管は常緑樹では〇・五ミリの太さしかない。針葉樹にいたっては〇・〇二ミリだ。そうはいっても、これだけでは、なぜ一〇〇メートルもの高さの木の樹冠にまで水が届くのかの説明はつかない。どれだけ細い管でも、毛管力だけで上がる水面の高さはせいぜい一メートルほどでしかないからだ[18]。

では、もう一つの〝蒸散〟はどういうことだろうか？　暖かい時期には、広葉も針葉も呼吸を通じてたくさんの水分を発散し、蒸発させる。その量は、ブナの成木で一日につき数百リットルといわれている。この蒸散が導管にある水分を上へ吸い上げる力を生む。分子にはほかの分子と引き合う力（凝集力）が働くので、葉の水分が蒸発すると、それに引きずられる形で導管の水分が上昇するという仕組みだ。

しかし、この説明もまだ不充分といえる。そこで、もう一つの説として浮上したのが〝浸透の力〟だ。ある細胞の内側にある糖分が隣の細胞の糖分よりも多い場合、水分は細胞壁を通って、糖分の多い細胞のほうへ流れる。両細胞の糖分濃度が同じになって初めてこの流れは止まる。この仕組みを使って細胞から細胞へと水分を送ることで、いちばん高いところにまで水を届ける、という考え方だ。

いったいどの説がもっとも有力なのだろう？　木の内側の水圧がもっとも高くなるのは、春の芽が出る直前で、この時期には聴診器を使えば私たちにも聞こえるほどの勢いで、水が幹に流れ込んでいる。実際、アメリカ北東部では、雪解けのころにサトウカエデに聴診器をあててメープルシロップの収穫時期を決めているほどだ。

しかし、この時期にはまだ枝には葉がないので、蒸散は起こらない。したがって、蒸散が水を汲み上げる力になっている、という考えは正しくないだろう。また、毛管力もあまり役には立ちそうにない。すでに説明したように、毛管力では一メートルの限界を超えられないはずなのに、この時期の木には全身に水分が行き渡っている。

となると、残る候補は〝浸透〟しかないのだが、この考えにも私は納得できない。葉や根であれば細胞があるのでこの説が正しいかもしれないが、幹には細胞はなく長い管が並んでいるだけなのだ。どうやら、どの説も説得力に欠けている。正直なところ、木がどうやって水を吸い上げているのかはわかっていないのだ。

ただし、最近の研究で、蒸散と凝集力の効果を否定する結果が確認されている。スイスのベルン大学と森林・雪・景観研究所と工科大学チューリッヒ校の共同研究チームが、もう一度よく――文字どおり――聞き耳を立ててみたのだ。研究では、主に夜間に木の内部に静かな音があることが観察された。夜間は光合成をしないので水が蒸発することはない。つまり、水分のほとんどは幹のなかにとどまっている。さらに根から水分を吸収するので、詰まった水で導管ははち切れそうになり、幹が太くなるほどだ。

では、音はどこからきているのか？　研究者は、水で満たされた導管の内部で二酸化炭素の小さな泡が発生しているのではないかと推測している。[19] 導管のなかに泡だって？この仮定が正しければ、水路はたくさんの気泡で分断されていることになる。水がつながっていないなら、蒸散や凝集力、あるいは毛管力も作用しないはずなのだ。樹木はまったくもって不思議な存在だ。確かだと思われていたことが否定され、また一つ謎が増えてしまった。でも、だからこそ樹木はすばらしいのではないだろうか？

## 年をとるのは恥ずかしい？

年齢について話を進める前に、少し〝肌〟に寄り道してみよう。木と肌？　どんな関係があるのだろうか？　まずは人間。肌、あるいは皮膚は私たちを守るバリアだ。外界の影響から臓器や筋肉を守り、体液が流れ出るのを防ぎ、内臓を体内に保つ働きをもつ。気体や湿気の発散や吸収も行ない、血管に入り込もうとする病原菌を遮断する。触れられたときに心地よさや痛みを感じるのも肌の役目だ。肌のおかげで私たちはもっと触れられたいと感じたり、もういやだとばかりに守りの態勢をとったりできるのだ。残念なことに、年をとるにしたがって、この複雑な器官はしわやしみが増え、ゆっくりと衰える。人間同士なら肌を見ただけで、相手のだいたいの年齢がわかる。

肌には最低限の再生力が備わっているが、よく観察してみるとそれもあまり満足のいくものとはいえない。私たち人間は、誰もが一日におよそ一・五グラムの角質を失う。一年に換算すると、五〇〇グラムを超える量だ。驚くべきはその数で、毎日一〇〇億もの角質細胞が肌からはがれ落ちている。[20] 想像すると不快な気分になるが、肌を健康に保つには欠かせないことだ。それに、このプロセスがなければ、子どもたちは成長できずに、いつか破裂してしまうだろう。

では、樹木ではどうなのだろうか？　基本的には人間と同じで、違うのは説明に使われる言葉ぐらいだ。ブナやナラやトウヒの肌は〝樹皮〟と呼ばれる。名前こそ違えど、人間の皮膚とまったく同じで、繊細な内部器官を外界の攻撃から保護している。樹皮がなければ木は乾燥し、攻撃的な菌類に侵されてしまうだろう。虫も水分たっぷりの健康な樹皮よりも乾いたものを好む。健康な樹木の内側には私たち人間と同じ程度の水分が含まれているので、寄生虫はいわば溺れ死んでしまうのだ。

人間の傷と同じで、樹皮に開いた穴は木にとって不快な存在といえる。だから、穴が開いたり裂けたりするのを防ぐ仕組みが樹木にも備わっている。通常、樹木は一年につき一・五センチから三センチほど太くなる。体が大きくなるのだから、本当なら樹皮は破れるはずだ。それを防ぐために、樹皮はつねに再生されている。そのときにたくさんの古い樹皮がウロコのようにはがれ落ちる。その一つひとつは人間の角質よりはるかに大きく、二〇センチぐらいになるものもある。風の強い雨の日に、幹の下を観察してみれば、たくさんの樹皮のかけらが見つかるはずだ。マツの樹皮は赤っぽいので特に見つけやすい。

樹木の種類によって樹皮のはがれ方もそれぞれだ。つねにパラパラと落とすものもあれば（人間ならフケ用シャンプーを使うだろう）、あまり落とさないものもある。どの木がどんな樹皮をどう落とすか、粗皮（あらかわ）を見ればわかる。ここでいう粗皮とは樹皮のいちばん外側の層のこと。すでに死んでいて感覚は失っているが、防護壁の役割を果たしている。

粗皮の外見は特徴的で、木の種類を判断する材料にもなる。ただしそれは、ある程度の年をとった木に限られる。なぜなら、粗皮に現われる模様は生長によって生じたひび割れだからだ。人間のしわみたいなものといえる。幼木では、どの種類でも粗皮はなめらかで、まるで赤ん坊のお尻のよう。年を重ねるにつれ（下のほうから）しだいにしわが増え、それがどんどん深くなっていく。

この過程がいつごろ始まるかは樹木の種類によって異なるが、マツ、ナラ、シラカバ、ダグラスファーは比較的早い時期にしわが増えるのに対して、ブナやモミでは長い期間なめらかさを保つことができる。違いの原因は古くなった樹皮が落ちる頻度、つまり樹皮の再生率にある。ブナは再生率がとても高いため、二〇〇歳になっても幹の表面はなめらかなままだ。再生率が高いと、皮がそのときの年齢や太さに見合った薄さになるので、ひび割れができないのだ。

　モミも同じ理由でなめらかな表皮をしている。マツの仲間は樹皮の再生にさほど関心がないようで、古くなった樹皮をあまり落とそうとしない。そのほうが粗皮が厚くなって防御力が高まるからだろうか。理由はともかく、はがれ落ちる頻度がとても低いので、粗皮が厚くなる。まだ細い幼木だったころにつくられた樹皮が、数十年たったあともまだ表層に残っていることもあるほどだ。

　年をとって幹が太くなると、この表層に深いひび割れが走る。つまり、しわが深い木ほど再生に無頓着（むとんちゃく）ということだ。この現象は年老いた木ほど顕著になり、ブナでさえ、寿命の半分を過ぎたころからしわが目立ちはじめる。すると、老化を隠そうとでもしているのだろうか、ひび割れに苔（こけ）が生えはじめる。雨が降ったあとのひび割れは水分がなかなか乾かないので、苔にとって好都合なのだ。そのため、遠くから見ただけでもブナの年齢を推定することができる。幹に張りついた緑の苔が上のほうまである木ほど、年老いた木ということだ。

　木にも個性があるので、しわのでき方も千差万別だ。同じ種類の樹木でも、若くしてしわができるものもあれば、その逆もある。私の森にも、まだ樹齢一〇〇年なのにまるで一五〇年は生きたかのように上から下まで粗(あら)い肌をしたブナが数本ある。それが遺伝的な現象なのか、それとも生活環境のせいなのか、詳しいことはわからない。しかし、少なくともいくつかの点で私たち人間によく似ていることは間違いない。

　私の庭のマツの木にはとても深いしわが入っている。樹齢はまだ一〇〇年ぐらいで、ようやく青年期を過ぎたあたりなのに、まるで老木のようだ。一九三四年、山小屋を建てるために敷地にある一部の樹木を伐採(ばっさい)した。そのときに庭に残したマツの木は、光をたくさん浴びるようになった。光とはもちろん日光のことだが、日光が増えれば紫外線も増える。人間は紫外線を浴びれば、肌の老化が進む。木でもおそらく同じなのだろう。そのマツは日光を直接浴びる側の粗皮が特に硬くて柔軟性がなく、ひび割れしやすいようだ。

　一方で、〝皮膚病〟もまた若くして肌が老化する原因と考えられる。人間でも思春期にできたニキビの跡が一生消えないことがあるのと同じで、樹木も害虫の被害が拡大して樹皮に傷跡を残すことがある。ただし、そのときにできるのはしわではなくて小さな穴やこぶで、それらも一生消えることはない。弱った木は傷が化膿し、そこからあふれる樹液にバクテリアが集まって黒っぽく変色する。健康状態が肌に表われるのは、人間に限ったことではないのだ。

森林という生態系のなかで、老木は特に重要な役割を担（にな）っている。中央ヨーロッパには、もはや本当の意味での原生林は存在しない。もっとも古い森林でも二〇〇歳から三〇〇歳といわれている。これでは真の老木とはいえないだろう。

では、カナダの西海岸に目を向けてみよう。モントリオールにあるマギル大学のゾーイ・リンドが、少なくとも五〇〇歳のシトカトウヒの研究をしている。そんなに古い木ともなると、枝や枝分かれの根元にたくさんの苔が生えている。そして、緑色の苔のなかには藍藻（らんそう）と呼ばれる細菌が定着している。これが空気から窒素を取り込み、木が利用できる形に変換する。こうしてつくられた天然の肥料は、雨に流されて地面に落ち、根から吸収されるのだ。つまり、老木が土地を肥やし、子孫が生長しやすい環境をつくっていると考えられる。まだ生長がゆっくりで、苔の生えていない若者たちを老木が手助けしているのだろう(21)。

樹皮と苔以外にも年をとると現われる変化がある。たとえば樹冠。人間の場合、年をとると私のように髪が薄くなり、新しい毛が生えてこなくなる。木のてっぺんの枝も同じで、あるときを境に——種類によって違いがあるがだいたい一〇〇歳から三〇〇歳ぐらいで——あまり伸びなくなる。

その結果、広葉樹の場合は枝が鳥の爪のように曲がってしまう。針葉樹ではそれまでずっと上に向かって伸びていた幹の生長がしだいにストップする。トウヒはその状態で動かなくなるが、モミは先端が横方向に広がり、まるで鳥が大きな巣をつくったかのような形になる。専門家のなかには、この現象を〝コウノトリの巣〟と呼ぶ人もいるぐらいだ。マツは早い時期に横に広がりはじめるので、老木ともなるととても幅広い樹冠となり、どこが先端なのか見てもわからないほどだ。

いずれにせよ、どの木も背が伸びなくなる。伸びたところで、根からの水と栄養素が先端まで届かなくなるだろう。背が伸びないかわりに、どんどん太っていく（この点も人間とそっくり……）。しかし、この状態も長くは続かない。体力が落ちていくからだ。いちばん上の枝まで水を届けられなくなり、そこから枯れはじめる。老人のように老木も背が低くなるのだ。

強い風が吹いて枯れた枝が吹き飛ばされると、その木は若返ったように見える。しばらくのあいだは。これが毎年のように繰り返されて樹冠がしだいに小さくなり、そのうち樹冠の小枝がすべて失われ、太い枝だけが残ってしまう。太い枝は枯れても簡単には落ちないのだが、それでもその木が老化して弱っていることがひと目でわかる。

この時期になると、樹皮がふたたび大きな意味をもつようになる。湿った小さな傷から菌類が入り込んで生長し、お皿を半分に割ったような形で幹に張りつくいわゆるキノコ（子実体(しじつたい)）となって年々大きくなるからだ。幹の内側では菌糸(きんし)がすべての壁を破って中心にまで伸び、そこに蓄えられている糖分や繊維素（セルロース）、リグニンなどを食べつくしてしまう。

このプロセスを通じて、骨格ともいえる部分は分解されてしまうが、木はそれでもまだ数十年間は立ちつづけ、抵抗を続ける。その際、あちこちにできた大きな傷をあらたな木質(もくしつ)でふさぐので、そこに厚みのあるこぶができる。これが弱った体を支える助けとなるのだろう。まだしばらくのあいだは、冬の嵐も耐え忍べる。

しかし、いつか必ず終わりがやってくる。命が尽き、幹が折れてしまう。すると、〝待ってました〟とばかりに、そのまわりの若い木々が大きく生長しはじめるのだ。しかし、死んでしまったからといって、すぐにお役御免(ごめん)となるわけではない。それから数百年もの時間、朽木(くちき)は森林のなかで大切な役目を担いつづける。その役目とは……その話はまた別の章で。

## ナラはひ弱？

自分の森を歩いているとつらそうにしているナラに出会うことが多い。とても苦しそうなナラもある。ゆっくりと迫りくる死の不安に耐えきれなくなり、パニックに陥るのか、そうした木は、幹のなかほどからあちこちに枝を伸ばすのだが、その先端は枯れて縮こまっている。幹の低い部分に枝葉をつけてもなんの役にも立たないのに。ナラは光が大好きで、光合成をするのにとても明るい環境を必要とする。薄暗いところで葉を生やしても、結局光合成ができずに、すぐに枯れてしまう。そのため、健康な木は低い部分に枝をつけるようなエネルギーの無駄づかいはいっさいせずに、樹冠に枝葉を茂らせることに専念する。

ただしこれは邪魔者がいないときの話だ。この意味では、中央ヨーロッパの森はナラにとってあまり居心地のいい場所ではないようだ。なぜなら、そこはブナの故郷だから。ブナは自分の仲間にはとても友好的なのだが、ほかの種類の木には厳しく接し、自分から遠ざけようとする。

その第一段階はゆっくりと始まる。まず、カケスという鳥がブナの実をナラの根元に埋める。カケスはほかにも食べるものがあるので、結局ブナの実は手つかずのまま、翌年の春に発芽する。それから数十年をかけて、ブナはひっそりとナラの足元で育ちつづける。そのブナの若木は母親から遠く離れてしまったが、そのかわりに大きなナラの木が心地よい日陰を提供してくれるので、すくすくと生長できる。

それだけならとても平和に見えるが、地中では生き残りを賭けた闘いが繰り広げられている。ブナの根がナラの根の範囲にある隙間（すきま）という隙間に入り込み、ナラが使うはずだった水分や養分を奪う。その結果、ナラはゆっくりと弱っていく。一方、小さかったブナは一五〇年もすればナラの樹冠に届くほどの高さに育っている。ブナはほかの樹木と違い、生涯にわたって生長できるので、それから数十年もすればナラの身長を追い越してしまう。そうなればもう勝ったも同然、日光を直接浴びてエネルギーに満ちたブナが枝葉をどんどん広げ、日光の九七パーセントを取り込むことができる立派な樹冠をつくりあげる。

その下にいるナラは、光がほとんど届かなくなるので、光合成ができなくなって栄養が不足し、ゆっくりとやせ衰える。背を伸ばして、もう一度ブナよりも高くなるのは不可能だ。もはやナラに勝ち目はない。そうすると、気が動転してしまうのか、追いつめられたナラはルール違反を犯す。幹の低い部分に枝葉をつけるのだ。この葉はとても大きくて柔らかいのが特徴で、樹冠の葉よりも少ない光で光合成ができるようになっている。それでも、残されたたった三パーセントの光だけではどうしようもなく、最後はその枝も枯れ、その枝をつくるために費やしたエネルギーが無駄になってしまう。この苦しい時期をナラは数十年ももちこたえるのだが、そのうち力が尽きる。タマムシなどにとどめを刺されることもある。樹皮に産みつけられた卵からかえった幼虫が幹を食べてしまうからだ。

ナラはひ弱な樹木なのだろうか？　こんなに弱々しいのに、ヨーロッパではナラの木が強さや忍耐力のシンボルとみなされているのは、なぜだろう？　たしかに、ナラはブナには対抗できない。しかし、ライバルがいないところではたぐいまれな粘り強さを見せてくれる。たとえば森の外、人の手が加わった場所などだ。ブナが森林以外の場所で二〇〇歳を超えることはほとんどない。一方、農場や牧草地に立つナラは五〇〇歳を超えることもある。幹に深い傷が入っても、雷に打たれて裂け目ができても平気だ。

ナラの内部は菌類の繁殖を防ぐ物質で満たされているので、とても腐りにくくなっている。それに樹液に含まれるタンニンが昆虫のほとんどを寄せつけない。ちなみに、ワイン樽の素材としてナラ材が好まれるが（オーク樽）、それはこのタンニンがワインの味をよりよくするからだ。主要な枝が折れても、かわりの樹冠を広げる能力があるので、生きつづけることができる。例外的なケースを除き、こうしたことはブナには不可能だ。それどころか、仲間がいない森の外に出ただけでブナは生きていけなくなる。嵐などで深く傷ついたら、その後は長くても二〇年程度しか生きられない。

私の森でも、ナラはとても忍耐強いということがよくわかる。日当たりのいい南向きの傾斜に数本のナラがむきだしの岩に根でしがみついて立っている。そこでは夏、日光が岩を温めるので水分が完全に蒸発する。冬には、落ち葉を含む土に覆われているわけではないので岩がとても冷たくなる。根元には少しばかりの地衣類が見られるが、温度の変化を和らげるほどではない。

そのため、そこに立つ木は一〇〇年たっても親指ほどの太さで、高さも五メートル程度だ。森のなかにいる友だちは立派な幹をもち、三〇メートルを超える高さなのに、彼らは貧しい生活にもめげずに、低木としてひっそりと暮らしている。しかし、それでも生きるのをあきらめない！　ほかの樹木はそのような厳しい環境で生きられないので、ライバルがいないという利点があるのだ。

それに、ナラはブナよりはるかに分厚くて丈夫な樹皮をしているので、外敵の攻撃に対しても強くできている。ナラが強さのシンボルとみなされるのは、こういう理由のためである。

# スペシャリスト

樹木はさまざまな場所で育つことができる。いや、むしろ〝育たなければならない〟というのが正しいだろう。落ちた種がどこに運ばれるかは、風や動物に聞かなければわからない。春に芽が出れば、その木はいやでもそこに立ちつづけなければならない。

ただ多くの木は、あまり好ましくない環境にたどり着いてしまうようだ。運悪く、光が大好きなサクラが大きなブナの下の暗がりに芽を出すこともある。強い光を浴びると繊細な葉がやけどを負ってしまうブナの苗が日差しの強い場所で生えてしまうこともある。土壌（どじょう）がぬかるんでいると、ほとんどの樹種の根が腐ってしまい、かといって乾いた砂では乾燥してしまう。もっとも不幸なのは、まったく栄養のない土壌、たとえば岩場やほかの大木の枝の付け根などに落ちてしまった種だろう。

ラッキーに見えたのにじつはそうではなかった、というケースもある。たとえば、折れた木の切り株に落ちた種。そこに出た芽は朽ちた木に根を張り、小さな木に育つ。しかし、いつかとても乾燥した夏がやってきたら、朽木(くちき)に含まれていた水分が完全に蒸発し、若木も枯れてしまう。

ヨーロッパでは樹木のほとんどの種属が同じような環境を好む。理想の生息地が共通しているのだ。地中数メートルの深さまで空気を含む柔らかい土地。栄養たっぷりの肥えた土壌。夏でも適度に湿っている場所。夏は暑すぎず、冬は寒すぎない。雪解けで地面がしっかりと湿り、だからといって雪が降りすぎることもない。背後に山地があって秋風を防いでくれる。木の害になる菌類や昆虫も少ない。木々にどんな場所に棲(す)みたいかと尋ねたら、こうした答えが返ってくるだろう。

しかし、このような理想的な条件をすべて兼ね備えた場所などほとんどない。でも、だからこそ、樹木にはたくさんの種類があるのだ。もしも、中央ヨーロッパが樹木にとって理想的な条件をすべて備えているなら、私たちの森はブナの一人勝ちになるだろう。ブナは快適な環境を巧みに利用し、どの木よりも高く育ち、〝敗者たち〟の頭上に枝を広げて、彼らを森から駆逐する力をもっている。

これほどの強敵を相手に生きつづけなければならないほかの木は、どうすればいいのだろうか？　理想郷を離れて生きるのは難しく、ブナの隣で生きるなら、何かを妥協しなければならない。だが実際には、世界のどこにも理想郷など存在せず、それどころか樹木にとっては厳しい環境のほうが多いほどだ。そうした場所でも繁栄できる樹木は、生息地を一気に拡大することができる。

たとえばトウヒ。トウヒは夏が短くて冬の寒さが厳しい場所——北方地域や高い山中——で繁殖できる。シベリアやカナダ、あるいはスカンジナビア半島では、植物の生長に適した期間が数週間しかないので、ブナはそこでは葉を広げることすらできない。葉を出したところで、冬の寒さで凍死してしまうだろう。でも、トウヒは違う。針葉と樹皮に精油を蓄えることで寒さに耐えることができるのだ。そのため、冬も葉を失わない。春がくると、すぐに光合成が始められる。一日たりとも無駄にしないので、糖分や木質（もくしつ）をつくる期間が数週間しかないにもかかわらず、木は毎年数センチずつ生長できる。

だが、いいことばかりではない。葉が落ちないので、枝に雪が積もりやすくなる。それが重くなりすぎると、木が折れるリスクが高まるのだ。倒木の危機を避けるために、トウヒは二つの作戦を立てた。作戦その一、幹をまっすぐにする。きちんと垂直に立てば、バランスが崩れにくい。作戦その二、枝の向きを調節する。夏には枝を水平に伸ばし、冬にはゆっくりと斜（なな）め下に向ける。そうすると枝と枝が重なるので、互いに支え合う形になる。上から眺めれば、木がしぼんだように小さくなるのがよくわかる。そのせいで、積もった雪の大部分が滑り落ちる。とりわけ、高地や極北の雪の多い地域にあるトウヒの樹冠は枝が短く、とがった形をしている。

葉が落ちないことにはもう一つの弱点がある。風の影響を受けやすく、冬の嵐に倒されやすくなるのだ。その対処法は、極端にゆっくり生長することにある。樹齢数百年で一〇メートルに満たないものも少なくない。二五メートルを超えると、風で倒れるリスクは格段に高まる。

中央ヨーロッパにある森林の大半はブナ林なので、森の内側にはほとんど光が差さない。この薄暗い環境に適応したのがイチイだ。イチイはとても謙虚で我慢強い植物で、ブナにはかなわないとよく理解している。そこで、暗い森のなかで生きるスペシャリストになる道を選んだ。ブナの葉の屋根をすり抜けてきた三パーセントの光だけで生長できるようになったのだ。

ただし、この条件のなかで数メートルの高さにまで育って繁殖ができるようになるには一世紀もかかる。一〇〇年もあれば、さまざまな出来事が起こるのが当たり前だ。草食動物に襲われて数十年分の生長が無駄になることもあれば、倒れたブナの巻き添えになることもあるだろう。

しかし、イチイはしっかりと対策を立てているようだ。あらかじめ、エネルギーの多くを根の拡大に費やして栄養を確保しているので、地上でよからぬことが起こっても、平然と新しい芽を出せるのだ。そのとき、複数の幹が伸びることも珍しくない。それらが年をとってからつながって、一本の幹になることもある。そうした木にはとても深いしわが走るのが特徴だ。

また、イチイは寿命が長いことでも知られている。一〇〇〇年以上生きるので、ほかのほとんどの高木よりも長生きだ。そのため、生涯に何度かはまわりの木が倒れて光を浴びることができるのだ。それでも高さが二〇メートルを超えることはない。質素で遠慮深い性格なのだろう。

シデ（カバノキの一種）もイチイのまねをしようとするが、イチイほど質素な生活には耐えられないようで、より多くの光を必要とする。シデもブナの下に生えることがあるが、そこでは大きくなることができない。より多くの光を通すナラの木の下に育つ場合にだけ、二〇メートルを超えることがある。身長に差があるので、ナラの下にいてもぶつかることはない。

しかし、そこにブナが加わると、ブナがシデやナラより高く育ってしまう。それでもなんとか負けないように、シデは暗がりだけでなく、乾燥している場所や気温の高い場所でも我慢することにしたようだ。そうした場所——乾燥した南向きの斜面など——ならいつかブナもいなくなるので、生き残るチャンスが大きくなるからだ。

小川のほとりや水源の近くなど、ぬかるんだ土地やつねに水に覆(おお)われて酸素の乏しい場所では、ほとんどの木の根が腐っていく。ただし、そうした場所に落ちた木の実も芽を出して、一人前の木になることはできる。とはいえ、根が腐っているので、夏の暴風雨などに襲われると倒れてしまう。水気の多い土壌に立つトウヒやマツ、シデやシラカバにも同じ運命が待っている。

例外はハンノキだ。ハンノキは三〇メートルほどの高さにしかならないので、この点ではライバルに劣っているが、ほかの木が嫌う水気の多い土地でもしっかりと育つ力がある。

その秘密は根のなかを走る空気管にある。それがあるおかげで、根のすみずみにまで酸素を送り届けることができるのだ。シュノーケルを使って水面から酸素を得るダイバーと同じ要領だ。幹の低い部分にはコルク細胞があり、そこから空気が入るようになっているのだが、水面が上がってその部分が水でふさがれる状態が長く続けば、ハンノキといえども弱ってしまい、根が有害な菌類に襲われてしまう。

# 木なの？　木じゃないの？

そもそも、樹木とは何だろう？　辞書を見ると、〃幹から枝を生やす木本植物〃などと説明されている。つまり、一本の太い幹（主幹）がまっすぐ上方向に伸びるということだ。根元からたくさんの細い幹（というよりもむしろ枝）が伸びるものは灌木と呼ばれる。

では、大きさはどうなのだろうか？　地中海沿岸の森林について書かれたレポートなどを読んでいると、不思議な気分になることがある。そこで描かれている〃森林〃が私には〃少し大きめの茂み〃程度にしか思えないからだ。私にとって樹木とは巨大な存在で、その下に立てば自分がアリになったような気がするものを意味する。

ラップランドに旅行したとき、私はまったく逆の体験をしたことがある。凍土にとても小さな樹木が生えていて、樹齢一〇〇年でも二〇センチに満たないものも多い。あまりに小さいので旅人たちが気づかずに踏んでしまうこともあるほどで、私は自分が小人の国リリパットにやってきたガリバーになったような気がしたものだ。

ヒメカンバの仲間も大きく育つことはない。そのため、これらは学術的には樹木とみなされていない。ヒメカンバの亜種には三メートルほどの高さになる例外もあるが、ほとんどの場合は人間と同じ程度の高さにしか育たない。そのため、誰もこれを木だとは思わないのだ。もしこの考え方を広げるなら、小さなブナやナナカマドも樹木とみなさないほうがいいのだろうか？　そうした低い木はシカなどの大きめの動物に枝葉を食べられるので、主幹と呼べる幹がないまま たくさんの芽を出し、五〇センチ程度の高さで数十年生きつづけることもある。

樹木とは何かを考えるとき、もう一つ厄介な問題がある。切り倒された木は死んだとみなされるべきなのだろうか？　すでに紹介した、仲間から助けられながら数百年以上生きていた切り株の話を思い出してみよう。そういう切り株は樹木といえるのだろうか？　もしそうでないのなら、いったい何だろう？　さらに厄介なことに、切り株から新しい幹が伸びることもある。それはけっして珍しいことではない。

数百年前、私たち人間は広葉樹を切り倒して木炭をつくった。そのときにできた切り株から新しい幹が生えた。それが現在の広葉樹林なのだ。特にナラ林とシデ林の大半は、かつて木炭を生産するための林（いわゆる低林）だった。そうした林では、伐採と育成が数十年単位で繰り返されたために樹木が高く育たない。当時の人々は貧しい暮らしをしていたため、木が大きく育つまで待てなかったのだ。そういう森を散歩すると、幹が花束のように枝分かれをしている木や、根に近い部分の幹がこぶのように膨れあがっている木に遭遇することがあるが、これはその森で伐採が繰り返されていた証拠だ。

ところで、こうした幹は若いのか、それとも樹齢数百年をはるかに超える老木なのか？　研究者もその問いに注目しているようだ。スウェーデンのダーラナ地方でトウヒの老木を調べる研究が行なわれた。その地方でいちばんの老木は一つの根幹からたくさんの幹が生え、その先端が茂みのようになっている。その茂みは、まるですべての幹を包むカーペットのように見える。その木の根元をC14法という年代測定法で調査したのだ。

C14とは放射性炭素のことで、大気中で発生してゆっくりと崩壊する特徴をもつ。崩壊するので、結果としてほかの炭素との比率はつねに一定する。一方、木のようなバイオマスに結びついた放射性炭素もじきに崩壊するのだが、あらたに吸収されることはない。つまり内部のC14濃度が低ければ低いほどその組織は古い、ということになる。

調べた結果、そのトウヒは九五五〇歳と診断された。信じられない数字だ。一本一本の幹はもっと若かったが、これら数百年前に生えた芽はそれぞれが独立した木ではなく、すべてが集まって一本の樹木であると研究者は結論づけた。[22] 私もこの考え方に賛成だ。地上の姿がどうであろうと、やはりすべての基本は根にあるのだ。この根が気候変動に耐え、繰り返し芽を生やし、個体としての命を守りつづけてきた。一万年近くの経験を蓄えてきたからこそ、現在まで生き延びられたのだ。

ちなみに、この研究ではほかにもたくさんの発見があった。それまで、針葉樹が五〇〇歳を超えられるなどとは誰も考えていなかった。また、トウヒはおよそ二〇〇〇年前に大地を覆う氷が溶けたことをきっかけに、スウェーデンのダーラナ地方に定着したと考えられていた。この小さなトウヒは、森や樹木について私たちが知らないことがいかに多いかということを教えてくれる。自然界ではまだ、たくさんの奇跡が人間に発見されるのを待っているのだ。

話を戻そう。どうして根がいちばん大切なのだろうか？　それは、この部分に樹木の脳があると考えられるからだ。そう、〝脳〟だ。大げさすぎるって？　しかし、木が学習をして経験を記憶できるのなら、記憶を貯めておく場所が必ずどこかにあるはずだ。それがどこなのかはまだわかっていないが、その場所としては根がもっとも適した器官ではないだろうか。スウェーデンの長寿トウヒの例からもわかるように、地中にある根は、樹木のなかでもいちばん長生きする部分だ。根ほど情報を長期間蓄えるのに適した場所はほかにないだろう。

さらに、最近の研究で根についてたくさんの発見がなされている。たとえば、これまでは樹木の活動は化学で説明できるとされてきた。木だけでなく、私たち人間の生命活動の多くも伝達物質の力を借りて行なわれている。根が、物質を吸収して輸送したり、光合成でできた産物をパートナーの菌類に渡したり、まわりの木に警報を送ったりしているのだ。

しかし、脳ともなると伝達物質だけでは説明がつかない。脳の神経活動には電気信号も関係するからだ。一九世紀には脳内の電気を計測する方法も発見された。そして最近になって、学者のあいだで激しい論争が繰り広げられている。植物には知性があるのだろうか？　考えることができるのだろうか？

ボン大学で細胞・分子植物学を研究するフランティゼック・バルシュカたちは、根の先端に脳に似た組織があると考えている。根の先には信号伝達組織に加えて、動物の体内にも見られる器官や分子が存在しているそうだ[23]。地中で根が伸びるとき、これらが刺激を感知する。しかも、研究では行動の変化を引き起こす電気信号も計測された。毒のある物質や硬い石や水に濡れた場所に触れたとき、根は状況を判断して、成長組織（成長帯）に変化の指示を与えるのだ。

それを受けた成長帯はめざす方向を変えて、危険な場所に進まないように遠まわりする。植物学者の大半は、これを知性や記憶、あるいは感情の蓄積とみなすことに消極的だ。彼らは同じ状況におかれた動物との比較を嫌い、植物と動物の境界があいまいになることを恐れているようだ。

でも、それのどこがいけないのだろうか？　そもそも植物と動物は、私たち人間がたまたま選んだ基準――栄養を得るために光合成をするか、それともほかの命を食すかといった基準――だけで区別されている。それ以外の大きな違いといえば、情報を得てからそれを行動に生かすまでの時間の長さぐらいだ。時間がかかるからといって、生き物として価値が低いということにはならないはずだ。植物と動物にたくさんの共通点があることが証明されれば、私たち人間の植物に対する態度がより思いやりのあるものになるのではないかと、私は期待している。

# 闇の世界

　私たち人間にとって、〝水〟よりも〝土〟のほうが不思議な存在だ。深海については、月の表面よりわからないことが多いが[24]、深い地中のこととなるとさらに研究が遅れている。もちろん、これまでにもたくさんの生き物が発見されたり、意外な事実が明らかになったりしてきたが、しかしそれは地中に隠されたたくさんの謎のほんの一部にすぎない。森林のバイオマス全体を見ると、半分は地面の下に含まれている。地中で生活する生き物のほとんどは、人間の目には見えない大きさだ。見えないからこそ彼らに関心がもてないのだろう。

　私たちは、オオカミやクマゲラ、サンショウウオなどばかりに目を向けてしまう。だが、樹木にとっては地中で生活する小さな彼らのほうがよっぽど重要なのだ。大きな動物がいなくても森林は生きていける。シカもイノシシも、肉食動物も、それどころか鳥類も、生態系にとっては必ずしも必要ではない。それらすべてが同時にこの世から消えたとしても、森林だけは大きな問題もなく生きつづけるにちがいない。

しかし、足元の小さな生き物がいなくなれば大変だ。ひとつかみの森の土のなかには地球上のすべての人間よりもたくさんの命が含まれている。ティースプーン一杯分の土だけでも、そこに含まれる菌糸の長さは一キロメートルを超える。これらすべての生物が作用し合い、樹木にとってなくてはならない土壌をつくる。

こうした生き物について話を進める前に、まず土壌の成り立ちに目を向けてみよう。木は根を張らなければ生きていけないため、土壌がなければ森林もありえない。むきだしの岩や石では不充分で、砂利石などではたとえ根を張ることができたとしても水と養分が少なすぎる。地球の長い歴史において、地殻はつねに変化にさらされてきた。氷河期の寒さで岩が割れたり、氷河が石の表面を削ったり——こうして土壌のもととなる小さな粒子が生まれたのだ。

氷河期が終わり、気候が暖かくなると、溶けた氷の水で粒子は低い土地へ流されたり、嵐に飛ばされて数メートルの高さの層に積まれたりした。のちに、そこにバクテリアやキノコや植物がやってくる。それらが死んで腐敗すると土に混ざり、かつては粒子の集まりだったものが腐植質を含む土壌（腐植土）に変わっていく。

それから数千年の年月をかけて、そこに樹木が定着しはじめる。樹木のおかげで、土壌の価値もさらに高まった。樹木がしっかりと根を張って雨や嵐から守ってくれるので、土壌は飛ばされたり流されたりすることもなく、腐植質をさらに蓄えられる。時間がたてば石炭へと変わっていく。

ところで、土壌が雨や嵐で流されたり吹き飛ばされたりすることを浸食と呼ぶが、この浸食こそが森林にとって最大の脅威となる。土壌の浸食は猛烈な雨などの異常気象によって引き起こされる。地面が水分を含みすぎてそれ以上吸収できなくなると、雨が地表を流れはじめる。そのときに粒子もいっしょに流されてしまうのだ。

今度強い雨が降ったら観察してみてほしい。水が茶色く濁っていたら、貴重な土壌が流れてしまっている証拠だ。ひどいときには一年で一平方キロメートルにつき一万トンの土壌が失われることもある。地下の石が風化などによって土に変わる量は一年で一〇〇トンほどなので、一万トンというのは大変な損失を意味している。損失が続くと、いつの日か小石がむきだしの土地になってしまう。現在、たくさんの森でそのようにやせ細った区画を見ることができる。特に数百年前まで農業に使われていた土地に育った森で被害が大きいようだ。

一方、異常な大雨などがなかった場合は一平方キロメートルにつき年間で〇・四トンから五トンしか土壌が失われない。そのため土は肥えつづけ、木にとってますます住みやすい環境に変わっていく。[25]

地中の生き物に話を戻そう。彼らはたしかに魅力的とは言いがたい存在だ。小さすぎるためにほとんどは肉眼では見えないし、ルーペで見えたとしても、あまり気持ちのいいものではない。ササラダニ、トビムシなど、どこをどう見てもオランウータンやクジラほどの魅力は感じられない。森林のなかでは、そうした〝小物たち〟が食物連鎖のスタートとなる。いわば地中のプランクトンだ。

残念なことに、学者は彼らにはさほど関心を示さない。これまですでに見つかっている数千種の大半も発音すらできないようなラテン語の学名がつけられているだけで、そのほかの種は見つけられるのをずっと待っているだけだ。しかし、見方を変えれば、それでよかったといえるのかもしれない。森にはまだたくさんの秘密が眠っていて、私たちが見つけにくるのを待っているのだから。それでは、これまでに明らかになっている数少ない生き物の生態を詳しく見てみよう。

たとえば、ササラダニと呼ばれるダニには一〇〇〇を超える種類がある。色は土と同じで茶色、大きさは一ミリ以下で、脚の短いクモのような姿をしている。ダニ？　この言葉を聞くと、誰もがイエダニをイメージする。フケなどを食べてアレルギーの原因にもなるあれだ。樹木にとってササラダニ（の少なくとも一部）は、人間にとってのイエダニと同じような役割を果たしている。彼らが落ち葉を食べてくれるのだ。おなかをすかせたササラダニの大群がいなければ、木から落ちた葉や樹皮が何メートルも積みあがってしまうだろう。

ササラダニのほかの種類は、キノコに狙いを定めた。菌糸からあふれ出る液体を飲むのだ。結果として、ササラダニは樹木がつくって菌類に譲り渡した糖分を食べていることになる。朽木（くちき）だろうが死んだカタツムリだろうが、ササラダニはどんなものでも利用する。生と死の境目に現われて、生態系の維持に貢献する——それがダニだ。

ゾウムシに目を向けてみよう。耳のないゾウのような姿をしたゾウムシは、もっとも種属の多い昆虫として知られていて、ドイツだけでもおよそ一四〇〇種類が見つかっている。ゾウの鼻にあたる部分（口吻（こうふん））はものを食べる口としてより、繁殖に欠かせない器官だ。口吻を使ってゾウムシは葉や幹に小さな穴を開け、そこに卵を産みつける。そうすることで、幼虫は外敵を恐れることなく、そこから穴を掘り進んで成長することができる。(26)

ゾウムシの多く——特に地表で生活する種類——は、変化が少なくゆっくりと時間が流れる森の環境に適応したために飛ぶことができない。足を使って移動する距離も一年で一〇メートル以下だ。それ以上は動く理由がないからだ。今棲んでいる木が倒れても、隣の木に移って落ち葉をかじるだけである。ゾウムシがいる森は歴史の長い森と考えることができる。たとえば中世に一度伐採されて、のちにあらたに植林された森にはゾウムシは見つからない。伐採で隣の森へ移住したゾウムシが再生した森に戻るには、移動距離が長すぎるからだ。

ここまで紹介した生き物には共通点がある。どれもとても小さいということだ。そのため、彼らの活動範囲はとても限られている。はるか昔に中央ヨーロッパを覆っていた大規模な原生林のなかでは、この活動範囲の狭さもそれほど問題にならなかったにちがいない。

しかし現代では、森林の大部分に人間の手が加わっている。ブナがトウヒに、ナラがダグラスファーに、老木が若い木に置き換えられてしまった。小動物には文字どおり食生活の変化が強いられている。その結果、多くが餓死して、特定の地域で特定の種が絶滅することもあったようだ。それでも、今もなお古い森林は存在し、たくさんの生き物の避難所となっているが、一方では、あちこちで広葉樹林と針葉樹林を増やそうとする試みも行なわれている。

ここで考えてみてほしい。今はまだ光がさんさんと降り注ぐ土地に、将来、改良が加えられ、いつか立派なブナ林ができあがったとして、ダニやトビムシはどうやってそこにたどり着くのだろうか？　歩いて移動してくるとは考えられない。彼らにとっては一メートルの移動も一生の大事業なのだ。ということは、今の国立公園のどこかに、バイエルンの森のような本当の原生林が再生されることはありえないのだろうか？

いや、必ずしも不可能ではないだろう。というのも、私の森を使った調査で、少なくとも針葉樹林を好む小動物は信じられないほどの長距離を移動することがあるという事実が明らかになったからだ。その証拠が見つかったのはトウヒ林だった。研究者たちがトウヒ林での生活に適応したトビムシの一種を見つけたのだ。そのトウヒ林は私の祖先がおよそ一〇〇年前に植林したもので、それ以前は中央ヨーロッパに一般的なブナが生えていた場所だ。

では、針葉樹に特化したトビムシはどうやってヒュンメルの私のトウヒ林にやってきたのか？　鳥の羽に紛れて飛んできたのではないか、と私は推測している。鳥類の多くは羽をきれいにするために砂浴びをする。このときにトビムシのような小さな生物が羽の上に乗り、遠く離れた森に運ばれ、鳥がそこで砂浴びをしたときに地面に落ちたのではないだろうか。トウヒに特化した生物にそれができるのなら、広葉樹を好む微小動物でも同じことが可能だろう。将来、自然に生長できる古い広葉樹林が増えれば、鳥たちが小さな同居人を連れてきてくれるかもしれない。

しかし、キールとリューネブルクで行なわれた調査の結果を見るかぎり、このプロセスにはかなりの時間が必要なようだ。[27]リューネブルガーハイデ地域では、一〇〇年以上前に、かつて農地だった場所にナラが植えられた。学者たちは数十年もすれば通常の森林と同じ程度の菌類とバクテリアが地中に繁殖しているだろうと予想していたのだが、この期待はみごとに裏切られた。いまだに種の多様性が再現されず、森に悪い影響が出ているのだ。生と死のサイクルがうまく機能しないことに加え、農地だったころに使われていた肥料のせいで現在でも土壌に窒素が多く含まれているため、ほかの原生林に比べて、そこに存在するナラは生長が早いかわりに、乾燥などの影響にとても弱いのだ。理想的な森林土壌ができあがるまでに、あとどれぐらいの年月がかかるのかは誰にもわからない。少なくとも、あと一〇〇年かかることは確かだろう。

そうした森が原始の姿に戻るには、人間の影響を受けていない原生林を維持することが不可欠だ。多様な生物種を含む原生林の土壌が、近隣のほかの森を再生させる源となる。だからといって、私たちが森林の利用を完全にあきらめる必要はない。ヒュンメルがそのことを証明している。

この山村は古いナラ林をすべて保護区に指定しながらも、一風変わった形で利用しつづけている。まずその一部を〝埋葬林〟に指定し、そこの木々を天然の墓標として貸し出す。われわれ人間が寿命を終えても、木の下に埋葬されて原生林の一部になる。すばらしいと思わないだろうか？　保護区のほかの領域は企業にも貸し出しされている。企業にとっては、そこを借りることで自然保護に積極的に貢献できる。つまり、人も自然も満足できるというわけだ。埋葬林としての利用や企業への貸し出しを通じて、自治体は伐採して木材をつくるのと同じだけの収入を得ることに成功している。

## 二酸化炭素の掃除機

私たちが一般に考える単純な自然循環の仕組みでは、自然にバランスをもたらす中心的な役割を樹木が担っている。光合成をして炭化水素化合物をつくり、それを使って生長して、生涯で最大二〇トンの二酸化炭素を幹と枝と根に蓄える。その木が死ぬと、菌類やバクテリアが木質を消化して同じ量の温室効果ガスを排出する。このことから、木材を燃やすことは環境に悪くない、と主張する人もいる。微生物に分解されても窯で焼いても、結局は同じようにガスが出るのだからどちらも同じだ、というのがその理屈だ。

しかし、実際にはそれほど単純な話ではない。本物の森は巨大な掃除機のようなもので、二酸化炭素を吸い込み、内部にため込む。死んだ木が放った二酸化炭素の一部こそ大気に戻るが、大部分は森林の生態系のなかにとどまるのだ。

さまざまな生物により朽ちた幹がゆっくりと砕かれて消化され、どんどん小さくなって地面の深い部分へと沈んでいく。そこに雨が降ると、有機物がさらに深く地中に流されるのだが、深く沈めば沈むほど温度が下がっていく。温度が下がれば生物の活動も弱まり、最後は完全な静止状態に陥る。こうして二酸化炭素は腐植土に含まれたまま、地中深くに蓄積されることになる。この腐植土が、気が遠くなるほどの長い時間をかけて褐炭（かったん）や石炭に変わっていく。

現在採取されている化石燃料も、およそ三億年前の樹木からできている。そのころの木はシダやスギナのような形をしていたのだが、高さは三〇メートルほど、太さも二メートルほどあったので、今の樹木と同じような大きさだった。そのほとんどは湿地に生えていたため、倒れたときには沼の水のなかに落ちて、あまり腐らなかった。それが数千年も続くと、厚い泥炭の層ができる。この層がのちに小石で覆（おお）われて、圧力がかかり、ゆっくりと時間をかけて石炭になった。

言い換えると、現在の一般的な火力発電所では森の化石が燃やされている。私たちの森の木々にも、太古の樹木と同じような運命をたどるチャンスを与えることができたらすばらしいのではないだろうか？　見返りとして、少なくとも二酸化炭素の一部を吸収して、地中に蓄えてくれることだろう。

しかし、現在の森林が石炭に変わる可能性はとても低くなってしまった。経済利用（木材の獲得）のために、定期的に間伐（かんばつ）されるからだ。間伐でできた隙間（すきま）を通って差し込む日に照らされて森の地面が温まると、そこにいる生物たちの動きが活発になる。彼らが深い層にある腐植土もすべて消化分解して、気体として空気に解き放ってしまうのだ。

こうして生じる温室効果ガスは、その木を燃やしたときに発生するガスとおよそ同じ量になる。つまり、薪（まき）として暖炉で燃やそうと、森で分解されようと、同じ量の二酸化炭素が放出される。私たちの森のなかでは、地中の炭は発生すると同時に消費されてしまうということだ。

石炭ができるまでのプロセスの最初は私たちにも観察することができる。森に散歩に行ったら、地面を少し掘り返してみよう。明るい地層が見えてくるはずだ。この層の上にある色の濃い地層にはたくさんの炭素が含まれている。その日から森に手を加えずにそっとしておけば、この部分が石炭、天然ガス、石油のもととなる。ドイツでは国立公園の中心部など、大きめの保護区でこのプロセスがふたたび始まっているようだ。腐植土の層が少なくなってしまったのは、現在の林業のせいだけではないだろう。古代のローマ人やケルト人も森を広い範囲で伐採（ばっさい）し、自然のサイクルを分断していたのだから。

樹木にとって二酸化炭素はごちそうだ。樹木だけではない。海藻も含むすべての植物は二酸化炭素を吸収する。二酸化炭素は植物が死ぬと炭素化合物として地中に蓄えられる。つまり、空気から二酸化炭素が減ることになる。動物では、たとえば珊瑚の化石が地球に存在する最大の二酸化炭素貯蔵庫として知られている。

これらをすべて合わせれば、数億年という長い年月をかけてかなりの量の炭素が大気から奪われたにちがいない。石炭がもっとも多くできた時代は石炭紀と呼ばれているが、この時期には現在の九倍もの二酸化炭素が大気に含まれていた。そして、当時の森林は今の三倍ほどの二酸化炭素を分解していたそうだ(28)。

では、私たちの森は果てしなく炭素を蓄えつづけるのだろうか？　空気に炭素がなくなればどうなるだろう？　私たち人間の活動がこの問いを無意味なものに変えてしまった。というのも、人間が貯蔵庫からどんどん二酸化炭素を取り出しているからだ。私たちは、燃料として石油、ガス、そして石炭を燃やし、二酸化炭素を大気にばらまいている。

温室効果の問題を度外視すれば、私たちが地下の牢獄から二酸化炭素を解放しているのはいいことといえるのだろうか？　〝いいこと〟というのはいいすぎかもしれないが、大気中の二酸化炭素濃度が高まったことの影響は確認されている。森林調査を通じて、木々の生長が早まっていることがわかったからだ。その結果、木材生産のサイクルを見直す必要が出てきた。わずか数十年前と比べて、三〇パーセント以上も多くのバイオマスが育つようになったからだ。

しかし、思い出してほしい。樹木が本当に長生きするには、ゆっくりと生長しなければならないのだ。高い二酸化炭素濃度だけでなく、農業に使われる窒素肥料によっても加速された生長は、樹木にとっては不健康だ。やはり〝少ない二酸化炭素＝長い寿命〟が原則といえるだろう。

私は学生のころ、古い木よりも若い木のほうが元気で生長も早いと教えられた。この理論はいまだに信じられていて、森を若返らせる根拠とされている。〝若返り〟と言うと聞こえがいいが、実際には年老いた木を倒して、若い木を植えるだけだ。そうすれば、森は安定して生産量が増え、大気中の二酸化炭素も減少する。森林組合や林業専門家はそう主張する。樹種によって多少の違いがあっても六〇歳から一二〇歳ぐらいで生長が鈍るのだから、そのころには伐採したほうがいい、と考えるのだ。

〝永遠の若さ〟という私たちの社会が生んだ幻想が森林にも投影されているようだ。樹木にとっての一二〇歳は、人間の年齢に置き換えるとようやく学校を卒業して社会に出るころだろう。実際、国際的な研究チームが、これまでの定説が完全に間違っていたことを証明した。チームは、すべての大陸で合わせておよそ七〇万本の樹木を調べ、驚きの事実を発見した。木は年をとればとるほど生長が早くなるのである。たとえば、幹の直径が一メートルの木は、五〇センチの木に比べておよそ三倍のバイオマスを生産する。[29]

樹木の世界では年齢と弱さは比例しない。それどころか年をとるごとに若々しく、力強くなる。若い木よりも老木のほうがはるかに生産的であるということは、私たち人間が気候の変動に対抗するとき、本当に頼りになるのは年をとった木だということを示している。

この研究結果を見るかぎり、森林を活性化させるためには木々を若返らせるべきだという主張は誤りだったといえるだろう。ただし木材の利用という点では、年老いた樹木は価値が下がることもある。菌類が幹の内部を腐らせるからだ。それでも生長が止まることはない。気候変動に対抗する手段として森林を利用するなら、私たちは自然保護団体と意見をともにして、木々を長生きさせなければならないのだ。

# 木製のエアコン

樹木は気温や湿度の急激な変化を好まない。だが、そんな樹木の気も知らずに、気候は変わりつづける。では、樹木のほうが気候を変えることはできるのだろうか？　この疑問を抱いていたとき、私はバンベルクの近くの森で、あることを体験した。

その森の土地は乾いた砂を多く含みやせていたので、ここに育つのはマツぐらいだ、と研究者も評価していた。しかし、マツだけを栽培しては土地がますますやせるかもしれない。そこで、ブナも植えることにした。マツの葉のせいで強くなる土の酸度を土中生物のために和らげるためだ。ブナ材を収穫するためではなく、あくまでもマツ林をよりよくする補助としての役割がブナには求められていた。

ところが、ブナは他人の引き立て役で終わる気はさらさらなかったようだ。数十年後、ブナの努力が結果となって表われた。毎年落としつづけてきた葉が、水分を豊かに蓄えるマイルドな土壌（どじょう）をつくったのだ。加えて、ブナの葉が風をさえぎったため、空気の流れが止まり、森の湿度が高くなった。水分の蒸発量も減った。ブナにとっては棲（す）みやすい環境だ。そのうちマツよりも大きく育つようになった。今では森の土壌と気候が針葉樹よりも広葉樹に適したものになっている。樹木に自分の生活環境を変える力があることを示す好例といえるだろう。

「森は自分の居場所を自分で理想に近づける」。私たち林業専門家がよく口にする言葉だ。森のなかは風が吹かない、というのは理解できるだろう。では、水分や湿度はどうだろう？　葉が茂っているので風が吹き抜けないため、夏の暑い日も森の地面は乾きにくいと予想できる。

そこで、定期的に間伐（かんばつ）がなされる針葉樹林と古いブナの原生林ではどれほど気温差があるのか、アーヘン工科大学の学生たちが調べてみた。温度計の針が三七度を示す非常に暑い八月のある日、広葉樹林の地面は数キロ離れたところにある針葉樹林より一〇度も温度が低いことがわかった。

温度が低いと蒸発する水の量も少なくなる。温度が低くなる原因は広葉による陰だけでなく、バイオマスそのものにあるようだ。生きている木と朽ちた木質（もくしつ）の総量が多ければ多いほど、土壌の腐植土の層が厚くなり、より多くの水分が蓄えられる。その水分が蒸発することで温度が下がり、温度が下がることで蒸発量が減る。言い換えれば、健全な森林は夏になると汗をかいて、体温を調節する。人間の汗とまったく同じ仕組みだ。

この〝樹木の汗〟を体験したことがある人はたくさんいる。しかも自宅で。というのも、天然のクリスマスツリーを捨てるのがもったいないと思って、その木を自宅の庭に植える人が意外と多い。木はすくすくと育ち、いつか屋根よりも高くなる。壁の近くに植えたために、枝が屋根の上に張り出すこともある。そうした壁にはよく〝汗染み〟が見られる。

人間の場合、腋汗（わきあせ）の染みは少し恥ずかしい程度ですむが、家の壁にできた汗染みは厄介だ。木の汗の湿り気のせいで、壁や屋根瓦（がわら）に苔（こけ）や藻（も）が生える。そのせいで雨水が流れにくくなり、苔がはがれて雨樋（あまどい）を詰まらせたりもする。壁の漆喰（しっくい）が湿気のせいでぼろぼろになり、修理が必要になることもある。

一方、木の下に車を駐（と）めると、樹木による温度調節の恩恵を受けることができる。屋外に駐車した場合、普通は気温が〇度を下まわるとガラスに氷の膜が張り、出発前にかき落とさなければならないが、樹冠の下に駐車すれば氷が張りにくくなるのだ。家の壁を汚されるのは困りものだが、樹木が局地的な気候を変える力をもっていることに私は感心せざるをえない。一本の木ですらそうなのだから、健康な森にはどれほどの影響力があるのだろうか？

汗をかいたら水分を補給しなければならない。木が暴飲する姿も、実際に見ることができる。ただし、そのほとんどは猛烈な大雨の日だ。そんなときはよく雷が落ちるので、木が水を飲む姿を見るためにわざわざ森を散歩することはお勧めしない。それでも、たまたまそんな日に森にいたのなら、このすばらしい眺めをぜひ観察していただきたい。特にブナは盛大な飲み会を開くようだ。

ほかの多くの広葉樹と同じように、ブナも枝を斜め上に伸ばす。その形には、葉を日光に向けるという意味があるのだが、同時に雨水を受け止める役割も果たしている。まず、雨粒がたくさんの葉に落ちる。葉に落ちた水が小枝にしたたり、それが太い枝に流れ、ほかの小枝からの水の流れと合流して川となり、幹を伝って落下する。その勢いはすさまじく、地面にぶつかるところでは泡ができるほどだ。大雨のときに一本の成木が集める水の量は一〇〇〇リットルを超えることもあると言われている。木は自分の根元に水を集めやすい形になっている。そうやって、乾期に備えて水を地中に蓄えておくのだ。

ところが、トウヒやモミなどの針葉樹にはそれができない。モミは賢明にもブナの足元に陣取ることが多いが、トウヒは多くの場合、仲間同士で集まっている。みんな、のどが渇いたままだ。樹冠が雨傘のように水を遮断してしまうので、ブナと違って幹に水が流れないからだ。私たち人間が雨宿りするにはちょうどいいが、根元には水がほとんど集まらない。一平方メートルに一〇リットル程度の降雨（これでもかなりの量の雨なのだが）なら、針葉と枝が雨水をすべて受け止めてしまう。そして、晴れるとこの水は蒸発してしまう。つまり、貴重な水分が失われる。

トウヒはどうしてそんなふうにできているのだろうか？　答えは簡単、水不足に備える習性を学ばなかったからだ。本来、トウヒは寒い地域に生息している。そういった地域は気温が低いので、地中の水分がほとんど蒸発しない。たとえばアルプスの高所などがそうだ。降水量が多く蒸発量が少ないので、基本的に水不足になることはない。しかも雪の重みにつぶされないように、枝が水平か少し下向きに伸びている。

そんなトウヒが乾燥した低地にくれば、雪に強いという特性も役に立たず、そのくせ雨水を集める能力がないという困った事態に陥ってしまう。現在、中央ヨーロッパにある針葉樹林のほとんどは人間が選んだ場所に植林されたものだが、そういう場所で、トウヒたちは渇きに苦しんでいる。自分の体が雨でもたらされる水分の三分の一を受け止め、ふたたび蒸発させてしまうからだ。一方の広葉樹は、雨量の八五パーセントを自分のために使い、残りの一五パーセントをまわりの木にお裾分けしている。

## ポンプとしての森

水は、どのような道を通って、陸地に、そして森にやってくるのだろうか？　簡単そうに見えて、正しく答えるのは意外と難しいのがこの疑問だ。基本的に陸地は海よりも高い位置にある。重力にしたがって水は低い場所に向かって流れるため、本当なら陸地はそのうち乾燥してしまうはずだ。だがそうならないのは、海の上でつくられた雲が風で陸に運ばれて雨を降らせるからだ。

だが実際には、この仕組みが働くのは海岸から数百キロ程度の範囲でしかない。雨を降らせた雲はだんだん小さくなって最後は消えてなくなるので、大陸の内側になればなるほど乾燥し、海岸から六〇〇キロも離れると砂漠が現われはじめる。だから、海岸沿いの狭い範囲でしか命は育まれない。大陸の内部は乾燥した不毛な土地になる。

だが、ありがたいことに私たちには森林がある。全体としてみると、森林は巨大な葉の面積をもっている。一平方メートルの林冠には二七平方メートルの葉が広がっている。[30]そこに雨が引っかかり、蒸発する。さらに、夏には一平方キロメートルにつき二五〇〇立方メートルの水分が土壌（どじょう）から吸い上げられ、呼吸によって空気に放たれている。

この蒸気から雲ができ、大陸の内側に漂って雨を降らせる。それが繰り返されるので、海岸から遠く離れた地域も乾燥せずにすむ。この〝森のポンプ〟の仕組みはとてもよくできていて、アマゾンの熱帯雨林のような海岸から数千キロ離れた場所でも海岸沿いと同じぐらいの量の雨が降る。

ただし、そのためには条件が一つある。それは、海岸から内陸地まで森林が続いていなければならないということだ。特に大切なのは海岸付近の森で、それがないだけでこのポンプは作動しなくなるそうだ。

このすばらしい仕組みを発見したのはロシア、サンクトペテルブルクの学者アナスタシア・マカリーヴァが率いる研究チームで、彼らは世界中のたくさんの森林を調査した。[31]そして、いつも同じ結論にたどり着いた。熱帯雨林であろうと、シベリアのタイガであろうと関係なく、生命にとって欠かせない水分を内陸まで運ぶのは、樹木だったのだ。同時に、海岸部の森林が伐採（ばっさい）されると、水分の輸送がストップすることもわかった。たとえるなら、電動ポンプの吸水口を水から上げるようなものだ。

ブラジルではこの問題がいよいよ深刻化してきたようで、アマゾンの熱帯雨林が乾きつつある。中央ヨーロッパは海岸から六〇〇キロの範囲内にあり、少なくなったとはいえ、まだ森林も存在しているので、同じような問題は発生していない。

北半球にある針葉樹林は、気候と水分を調節するもう一つの手段をもっている。針葉樹はテルペンを発散する。テルペンとは本来、病気や寄生虫から身を守るためにつくられる物質なのだが、その分子が大気に混ざると湿気と結びついて凝縮する。その結果、普通の陸地の雲よりも二倍ほど密な雲ができる。この雲には二つの利点があることが知られている。まず、雨が降りやすくなること。そして日光の五パーセントを反射すること。おかげで、その地域の気温が下がる。涼しくて湿っぽい――針葉樹が好む環境のできあがりだ。この仕組みが地球温暖化のブレーキとなっている、という説もある。[32]

水と森は切っても切れない関係だ。生態系には定期的な降水が欠かせない。小川も沼も森林も、すべての生態系がそこに棲(す)む生物に、可能なかぎり安定した生活環境を提供しようとする。変化を好まない代表例としてミジンニナという巻き貝を挙げることができるだろう。種類によっては二ミリにも満たない大きさで、冷たい水を好む生き物だ。

この巻き貝は水温が八度を超えると生きられない。過去にさかのぼれば、その理由がわかる。ミジンニナの祖先は、氷河期にヨーロッパにたくさんあった氷河が溶けた水のなかに棲んでいた。それに似た環境が、森の澄んだ湧き水だ。地下から湧き出たばかりなので、その水はつねに同じ冷たさになる。地下水は地層によって隔離されているので、夏も冬も外気温の影響を受けないために水温が一定になる。氷河のなくなった現代に生きるミジンニナにとっては理想的な環境だろう。

ただし、そのためには水が一年を通してずっと湧き出てこなければならない。だからこそ、そこが森林であることが大切なのだ。森の土壌は巨大な貯蔵庫となって、たくさんの雨水を蓄える。雨の滴（しずく）が勢いよく地面をたたきつけることもないので、降った雨がすぐに流れをつくって森の外に出ていったりはしない。雨水は枝や葉に引っかかってからゆっくりと落ちるため、そのすべてが地面に吸収される。

樹木が根を張る地層が水で満たされたら、余った水が何年もかけてゆっくりと深い地層へと沈んでいく。それがふたたび地表に現われるまで、数十年かかることもあるほどだ。これだけの期間貯め込まれていた水は、乾季も雨季も関係なくつねに一定の水量で湧き出てくる。

とはいえ、必ずしもいつも〝湧き出てくる〟とはかぎらない。ときには水が染み出ただけのぬかるみに見えることもある。そして、その水が近くの小川に流れ込む。だが、よく見ると（そのためには、ぬかるみにひざまずかなければだめだが）、どこかにとても小さな流れが見つかるはずだ。その流れが始まっているところが泉なのだ。

大雨のあとに雨水が地表にたまっているだけなのか、本当に地下から出てきた水なのか、温度を測れば簡単にわかる。九度以下なら湧き水だ！　でも、散歩に行くたびに温度計をもっていくのは面倒だって？　それなら、凍てつく寒さの日に散歩すればいい。ぬかるみや水たまりは凍ってしまうが、泉は湧きつづける。ミジンニナも大喜びだ。なにしろ一年中ちょうどいい温度なのだから。土壌だけが水温が一定する原因ではけっしてない。小さな池などなら、夏に水温が上がり、ミジンニナは死んでしまうだろう。でも、森では葉の屋根が日光をさえぎってくれる。

同じように、小川も森の恩恵を受ける。泉と違って小川は水が流れるため、温度が変化しやすい。小川には、たとえばサンショウウオの幼生が棲んでいる。成長したサンショウウオは主に陸上で生活するが、幼生のころは水中で暮らす。カエルとオタマジャクシの場合と同じだ。サンショウウオの幼生が棲む水は冷たくなければならない。水温が上がれば酸素が水から逃げてしまうからだ。しかし水が凍れば、サンショウウオの子どもたちも死んでしまう。樹木がいてくれて、本当によかった！

寒い季節は枝が葉を失っているので、弱い日差しがつくりだした暖かい空気が森のなかを通り抜けるだけでなく、森の小川には石や枝があるために流れが〝動く〟ので、水が凍りにくい。春に日差しが強くなって気温が上がると、広葉樹が葉を広げて天然のカーテンをつくり、小川を陰で包んでくれる。次にこのカーテンが開くのは秋になって気温が下がってからだ。

一方、針葉樹の下を流れる小川は大変だ。冬は寒くて小川が完全に凍ることもある。春になっても気温はなかなか上がらない。そのため、こうした環境に棲もうとする生物は多くない。ただし、針葉樹林のなかを小川が流れていることはほとんどない。トウヒなどが、そもそも水の多い場所を好まないからだ。針葉樹林のなかを小川が流れている場合、そこは植林地だと考えていい。

樹木は、死んだあとも小川の役に立つ。たとえば寿命が尽きたブナが小川を横切るように倒れたとしよう。その倒木はそれから数十年、そこに横たわりつづけることになる。するとそれがダムの役割を果たして、その部分に小さな水たまりをつくる。強い流れを好まない生き物、たとえば、サンショウウオの幼生にとっては最高のすみかとなる。サンショウウオの幼生は小さなイモリのような姿で、顎（あご）のあたりにえら（外鰓（がいさい））が生えていて、体には色の濃い斑点（はんてん）が、脚の付け根には黄色い点がある。そして冷たい水のなかで小さな甲殻類を食べて生きている。幼生はきれいな水のなかでしか生きられないのだが、倒木のおかげで安心だ。

流れの弱い水たまりでは泥やほかの大きな物体は底に沈み、有毒物質もバクテリアが時間をかけてしっかりと分解してくれる。大雨のあとなどに、水たまりに泡ができていることがあるが、心配する必要はない。一見、そこに棲む生物にとっては大災害のように見えるが、この泡は流れ込んだ水の勢いで腐植酸が空気と混ざってできたもので、落ち葉や朽木（くちき）が分解されたときにできる腐植酸は生態系にとっては有益だからだ。

しかし、最近では倒木によってつくられる池や沼の数が減ってきているようだ。かわりに、一度は絶滅しかけていた動物がその役割を受けもつことが増えてきた。その動物とはビーバーだ。樹木にとってはたいしてうれしくないだろうが、三〇キログラムもの重さになる齧歯類（げっしるい）のビーバーは動物界のきこりといえる。八センチから一〇センチ程度の太さの木ならひと晩で、大きな木なら数回に分けて倒してしまう。

ビーバーが餌として必要としているのは枝で、越冬するために巣のなかに枝をたくさん貯め込む習性をもっている。ビーバーは数年をかけて巣をつくる。その大きさは数メートルに達する。水のなかに巣をつくるのは入口を隠すため。巣の内部につながる入口が水のなかにあれば、外敵が入れないからだ。内部の居住空間は水面の上にあって乾燥している。ただ、水面は季節によって上下することがあるので、ビーバーの多くは巣のほかにもダムをつくって川の水をせき止める。こうして森からの水の流れが弱まって池となり、湿地ができあがる。ハンノキやヤナギは喜ぶだろうが、ブナは根元に水分が多すぎると死んでしまう。とはいっても、ビーバーの巣の近くにある樹木はどのみち長生きできない。倒されて餌食になる運命だからだ。

つまり、ビーバーは森の一部を破壊する。しかし、〝水〟に焦点を当ててみると、ビーバーは生態系に対して有益な効果をもたらしている。池や沼の環境を好む動物にすみかを提供するからだ。

最後にもう一度、森林が利用する水源ともいえる雨に話を戻そう。散策しているときに降る雨はなんとも心地いいが、あらかじめ雨を予想して適切な服装をしていなければ、やはり雨はうっとうしい。広葉樹はそんなあなたにすばらしいサービスを提供してくれる。そのサービスは、ズアオアトリという鳥による天気予報だ。頭が灰色で体が赤っぽいこの小鳥は、ふだんは「ビン・ビン・ビン」とさえずるが、雨が近づいてくると「ラアアアチュ」と叫んで、私たちに天気の変わり目を教えてくれる。

# 君のものは僕のもの

森林とは、バランスのよくとれている生態系であり、そこではどの生物も独自の役割をもち、全体の役に立っているとよく言われるが、それは残念ながら事実ではない。実際には、木々の足元で弱肉強食の争いが繰り広げられている。どの生物も自分が生き残るのに必死で、ほかの生き物から奪えるものは何でも奪おうとする。他者に気を配るものなどいない。

それでも大惨事にならないのは、保護機能とでも呼ぶべき仕組みが働いているからだ。その一つが〝遺伝子〟だ。欲にまかせて必要以上に奪ってばかりいるものは、自分が生きるのに必要なものを消費し尽くし、結局は絶滅する。そこで、ほとんどの生物は森林のバランスを崩さないようにするための習性を身につけている。

その一例はすでに紹介したカケスだ。カケスはドングリなどを食べるが、自分が食べる量の何倍もの木の実を土に埋めたまま放置する。つまり、カケスは樹木の繁殖を助けているのだ。カケスがこの世にいなければ、樹木は今ほどの繁殖力をもってはいないだろう。

天井が高くて薄暗い森は、動物や菌類にとってはデパートのようなもの。たくさんの〝おいしいもの〟であふれている。たった一本の木に、糖質、セルロース（繊維素）、リグニン、炭水化物の形で、数字にすると数百万ものカロリーが含まれている。水や珍しい鉱物もたくさんある。先ほど私は〝デパート〟と言ったが、むしろ〝金庫〟と言うべきかもしれない。なぜなら、森林では自分が欲しいものがすぐに手に入るわけではないからだ。おいしい宝物への道は、樹皮などで隙間（すきま）なく閉ざされているので、簡単にはたどり着けない。

キツツキだけは例外だ。キツツキは、首の筋肉とくちばしが衝撃を吸収するので、繰り返し木をつついてもくらくらしたりしない。春になり、根が水を吸い上げて栄養分を芽のほうへ流し込むと、キツツキは幹の細い部分や枝にいくつも小さな穴を開ける。点線のように並んだ小さな穴が傷口となり、木はそこから血を流しはじめる。樹木の血液は水のように見えるが、人間の血と同じで、これが流れ出すと貴重な体液を失うことを意味している。キツツキの目的はこの体液を舐めることにある。穴の数が多すぎないかぎり、キツツキによる穴が木にとって致命傷になることはない。あざが残ることはあっても、傷口は数年でふさがるからだ。

　アブラムシはキツツキより怠けものだ。あちこち飛びまわったり穴を開けたりせずに、広葉や針葉の葉脈に口を刺してそこにぶら下がったままじっとしている。そうやって木から樹液をちょうだいするのだが、そのプロセスも独特だ。というのも、受け取った樹液はアブラムシの体内を通り抜け、滴としてまた外に出るからだ。

　アブラムシは成長と繁殖のためにタンパク質を必要とする。だが、樹液にはタンパク質があまり含まれていないので、その分、たくさん飲まなければならない。そうして飲み込んだ樹液から自分が欲しいものだけを取り込んで、必要のない炭水化物、特に糖質はそのまま体外に排出する。雨が降るとアブラムシが集まっている木の下がべとべとになるのは、この糖質のせいだ。木の下に車を駐めていたら、窓や屋根が落ちにくい汚れでべとついた経験がある読者も多いのではないだろうか。

　どの樹種にも、その木だけに取りつく寄生虫がいる。トウヒだけにつくトウヒアブラムシやブナに特化したブナハアブラムシ、ほかにもモミやナラに狙いを定めたものなど、どの木にもスペシャリストがいるのだ。そして、どの種類の木でも葉にはすでに先客がいるので、分厚い幹に懸命に穴を開けて、その下を流れる樹液をいただこうとする寄生虫も存在する。

たとえば、ブナの幹をブナカイガラムシが覆いつくして、木が白っぽく見えることがある。そうなると、樹皮にしつこい湿疹のような傷ができて、ひどい肌荒れになる。人間の皮膚病と同じで、そこからバクテリアや真菌に感染して、木が病死することもあるほどだ。それに対抗するために、樹木は防御物質をつくって自分を守ろうとする。それでも足りないときは、樹皮をより厚くして寄生虫を追い払おうともする。成功すれば、少なくとも数年間は寄生虫に命を脅かされることはないだろう。

しかし、感染だけが問題ではない。おなかをすかせた寄生虫が、たくさんの栄養素を奪っていく。森林一平方キロメートルにつき、寄生虫が合計数百トンもの糖分を樹木から吸いとることもある。樹木からしてみれば、生長や越冬のために欠かせない栄養が奪われてしまうというわけだ。

しかし、多くの生き物にとって、アブラムシはありがたい存在といえる。まず、テントウムシのようにアブラムシを餌とする昆虫がいる。またアリは、アブラムシが出す糖液が大好きだ。お尻から出てくるその液体を直接飲みにやってくる。触角でアブラムシを刺激して、糖液の排出を促すこともある。その見返りに、アリは外敵からアブラムシを守ってあげる。まるで牧場主と家畜の関係だ。アブラムシがつくる糖液以外のものも、無駄にはならない。たとえば、アブラムシが発生した木を包み込むように甘い膜が張られるが、そこにはすぐに菌類やバクテリアが寄ってくる。すると、膜が黒い黴(かび)のような色になる。

ミツバチもアブラムシの排出物を利用する。アブラムシが排出した甘い汁を集めて巣に運び、濃密なはちみつをつくるのだ。花の蜜がまったく含まれていないにもかかわらず、このはちみつはとても人気の高い商品となる。

タマバエやタマバチはもっと洗練された方法をとる。葉に吸いつくのではなく、葉の〝プログラム〟を書き換えるのだ。まず、成虫がブナやナラの葉に卵を産む。かえった幼虫は葉を食べはじめるが、そのときに唾液(だえき)の化学物質が作用して、葉に保護ケースのようなこぶ（虫こぶ）ができる。木の種類によって形は違うが――ブナはとがっていて、ナラは丸い玉――幼虫はこぶのなかで外敵の心配をせず、心ゆくまで空腹を満たせる。秋になるとこぶに入ったまま葉ごと地面に落ちてさなぎになり、春にはそれが成虫となって出てくる。特にブナが虫こぶの被害に遭いやすいが、そのせいで健康が害されることはほとんどない。

チョウや蛾(が)の幼虫は糖液ではなく、葉そのものに狙いを定めている。少数ならどうということはないのだが、何年かに一度、チョウが大量に発生することがある。私も数年前にナラ林で体験した。六月だというのに、南向きの斜面に生えた木々の葉がすっかりなくなっていたのだ。まるで真冬のようなさびしい眺めだった。ジープから降りたとき、激しい雨が降っているような音が聞こえた。しかし、空は晴れ渡っていて雨など降っていない。そのとき、黒い小さな粒が私の頭や肩に落ちてきた。なんと、毛虫の大群が落とす糞（ふん）だった！

同じようなことが、毎年、ドイツの東部や北部の針葉樹林でも起こる。一種類の木で構成される植林地が増えたことで、チョウや蛾が大量発生しやすくなっているからだ。たいていは、大量に発生した昆虫の群れに伝染病が広がって、最後にはその数も減ることになるのだが。

昆虫が大量に発生すると、春についた葉は、六月までに昆虫に食べつくされる。樹木は残った力を振り絞って、もう一度芽を出そうとする。普通はこれがうまくいって、数週間後には正常な姿に戻るが、そのために力を使いすぎて、その後はあまり生長できなくなる。年輪の隙間がとても細くなることからも、そのことがわかる。二年、三年と繰り返し被害に遭うと、多くの木は、ついに力を使い果たして枯れてしまう。

マツの場合には、チョウだけでなく、マツハバチも脅威となる。雄の成虫の太い触角が特徴的なこの昆虫も、幼虫がマツの葉を食べる。一匹の幼虫が一日のうちに一二本も針葉を食べてしまうので、マツの木にとっては一大事だ。

樹木が身を守るために、におい（芳香物質）を発して害虫の天敵をおびき寄せることはすでに説明した（「木の言葉」を参照）。だが、ミザクラは奥の手がそれだけではないことを示している。アリを呼ぶためだ。アリは葉に蜜腺があり、そこから花が出すのと同じ甘い蜜を分泌する。アリは夏のほとんどをその葉の上で過ごす。だが、人間と同じでアリも甘いものばかり食べていると飽きてしまうのだろう。ときにはたらふく肉を食べようとする。毛虫などの肉だ。結果的に、ミザクラは毛虫という外敵から自分の身を守ることになる。ただし、この作戦はいつも成功するとはかぎらないようだ。蜜腺からの蜜では飽き足らず、毛虫を食べても満足できなくなったアリは、アブラムシを家畜として飼育しはじめるからだ。そしてアリに蜜を渡すために、アブラムシがよってたかって葉に穴を開けてしまう。

悪名高いキクイムシはちょっとやそっとでは満足しない。彼らは弱った木を見つけては、そこに棲（す）みつく。モットーは〝一か八か〟。一匹の虫がある木を攻撃して成功すれば、においのメッセージを送って大量の仲間を呼び寄せ、その木を死に追いやる。しかし、最初の一匹が木の抵抗に遭って死んでしまうと、仲間の食事会ももちろん取りやめとなる。

食事会のメインディッシュは樹皮と木質（もくしつ）のあいだにある透明の形成層だ。形成層は内側に木質細胞を、外側に樹皮細胞をつくる組織で、樹木の生長に欠かせない。形成層は糖分やミネラルを豊富に含んでいて、キクイムシにとってはとてもジューシーだ。それどころか、私たち人間にとってもある種の非常食となる。

春、風で倒されたばかりのトウヒを見つけたら、ナイフで樹皮をはいでみよう。ナイフの刃を斜めに幹にあて、皮むきの要領で一センチ幅の樹皮を切りはがしてみる。食べてみると樹液を垂らしたニンジンのような味がして、栄養満点だ。キクイムシはそのことを知っているので、樹皮に通路を掘って形成層の近くに卵を産む。幼虫にとっては外敵に襲われる心配もなく、食べ物も豊富で最高のすみかといえる。

健康なトウヒはテルペンやフェノール物質を使って身を守る。うまくいけばキクイムシが死に、たとえうまくいかなかったとしても、樹液のべたつきで虫の身動きがとれなくなるからだ。ところが、キクイムシも黙ってはいない。あるとき、スウェーデンの研究者が、体についた菌がキクイムシといっしょに樹皮の内側にもぐり込むことを発見した。この菌がトウヒの防御物質に化学変化を起こさせ、虫にとっては無害な物質に変えてしまう。キクイムシが穴を掘るより速いスピードで菌は生長する。つまり、菌がつねにキクイムシより一歩先を行くことになるので、キクイムシが足を踏み入れる場所はすでに無害になっている。[33] 繁殖の邪魔になるものは何もないため、何千もの幼虫が卵からかえり、健康な木でさえ死に追いやってしまう。トウヒにはそれ以上の対抗手段がないのだから。

大型の草食動物はもっと手荒だ。大きな動物ともなれば一日に数キロもの食べ物を必要とするが、森の奥深くにはそれほどたくさんの食料は存在しない。光が少ないので緑の草はあまり育たず、食べられそうな葉は木の上のほうにしか茂っていないからだ。そのため、森林の奥深くに行けば行くほどシカなどの数は少なくなる。

しかし、古い木が倒れたとたんに事情が変わる。林冠に隙間（すきま）ができて地面に光が届くので、しばらくのあいだ小さな若木のまわりに草花が増えるのだ。この緑のオアシスをめざして動物たちは殺到し、せっかく生えたものをまたたく間に食べてしまう。光が増えると若木も光合成をして糖分をつくる。若木は、ふだんは親木の下の暗がりでくすぶっているだけなので、その芽には養分がさほど含まれていない。そのうえ、生き残るのに必要な分しか栄養がつくれないのに、それすらも親木たちが根を通じて奪ってしまう。糖質不足で苦くて硬い芽はシカも食べようとしない。

ところが、日光が差し込むと若木にも力がみなぎりはじめる。光合成が活発になるので葉がみずみずしくなり、翌年の春に吹く芽も大きくなって栄養価が高まる。天井に開いた穴がほかの誰かにふさがれる前にできるだけ生長しなければならないのだから、若木が必死に大きくなろうとするのも当然だ。しかし、その努力がおいしい食べ物を探しているシカたちの目に留まる。

こうして、木の生長と動物たちのあいだの数年間もの闘いが幕を開ける。主幹の芽が食べられてしまう前に動物たちの口が届かない高さに生長できれば、ブナやナラやモミたちの勝ちだ。ほとんどの場合、グループで立っている若木たちの数本は被害を免れて、無事にまっすぐ生長を続けることができる。主幹の芽が食べられてしまった木はまっすぐ伸びずに、斜めになったり、くねくね曲がったりしはじめる。そのうち、元気に育った木が天井を閉じてしまうので、二度と光を得られずに死んでしまう。

ナラタケというキノコをご存じだろうか？　秋になるとよく、子実体が木の切り株に生えている。ドイツに生息する七種類のナラタケは、どれも見た目は悪くないのだが、実際には大がかりな強盗を働くことで知られている。ナラタケは菌糸体を広げてトウヒやブナやナラなどの根に入り込み、樹皮の内側を通って上に登り、白い扇子のような形に広がると、形成層から糖分や栄養を盗んで、繊維管を通じてこれを輸送する。この根のような繊維管はナラタケに特有なものだ。しかし、ナラタケは甘い汁を吸うだけでは満足できない。そのうち木質も消化しはじめ、最後は木を腐らせてしまう。

　より繊細な方法を選んだのが、ツツジ科の植物シャクジョウソウだ。この植物は葉緑素を欠き、葉がなく、薄い茶色の花を咲かせるだけだ。葉緑素がないので緑ではなく、白っぽい色をしている。もちろん光合成もできない。そのため、シャクジョウソウは生きるためにほかの植物の力をあてにしている。自分自身は光を必要としないので、真っ暗なトウヒ林のなかでも生きられるのが強みだ。

　シャクジョウソウはそういった場所で、ほかの木の菌根（きんこん）――菌類が樹木の根に侵入するためにつくる組織――に自分の根を紛れ込ませ、そこで菌類と樹木のあいだを流れる養分をかすめとる。見た目はシャクジョウソウよりもきれいなメランピルム・シルバティクムというママコナの一種も同じようなことをする。この植物もトウヒを好み、菌根に結びついてお裾（すそ）分けをもらって生きている。ただし、地上の部分は普通の植物と同じで緑色をしていて、光と二酸化炭素から糖分をつくることもできる。そうはいっても、盗みを働いていることに変わりはない。

　樹木がほかの生き物に利用されているのは、栄養の源としてだけではない。若い木は動物から〝やすり〟としても利用される。雄のシカは毎年角（つの）が生え替わるのだが、生えはじめた角は皮に覆（おお）われている（袋角（ふくろづの））。この皮を破り落とすために、シカは折れない程度に太くて適度にしなる細い木を探し、いい木が見つかったら不快な皮がすべて落ちるまで、角をその木にこすりつづける。そのせいで樹皮もはがれ落ちるので、樹木のほうが死ぬことが多い。角をこする木としてシカが選ぶのは、なぜか珍しい木が多いようだ。トウヒ、ブナ、モミなどには目もくれずに、シカはその森で数の少ない種類の木を選ぶ。

珍しい木のにおいを角につけるのがステータスシンボルにでもなるのだろうか？　私たち人間社会と同じで、シカの世界でも珍しいものほど好まれるのかもしれない。直径が一〇センチを超えるような木には、シカは角をこすりつけようとしない。樹皮が硬すぎる、角の隙間に入り込まないなどの理由からだろう。

しかし、角こすりだけがシカが樹木を利用する理由ではない。シカは主に草を食べる。そして、森林のなかに棲むことを好まない。天然の森林にはシカの群れが必要とする量の草が生えていないからだ。したがって、本来の生息地は草原となる。理想的には、ときどき氾濫（はんらん）する川のおかげで視界の開けた草原がいい。しかし、そういう場所にはすでに人間が住んでいることが多い。人間が都市造りや農業に利用していない川辺の平地などいまやほとんどない。

そのためシカは――特に昼間は――森に引きこもるようになった。それでも、シカは典型的な草食動物で、一日中ずっと食物繊維を食べつづけなければならない。そこでしかたなく、樹皮を非常食として選んだのだ。夏、樹木が水分を多く含むと木肌がはがれやすくなる。そんな木の幹にシカは下顎にある門歯で噛(か)みついて、樹皮を下から上まではがしてしまう。樹木の活動が弱まり、幹が乾燥する冬には、小さな断片しかはがれ落ちない。

いずれにせよ、木にとっては大変な苦痛だろう。それどころか、命の危険もある。大きく開いた傷から菌類が入って、木質を分解してしまうからだ。傷を閉じようにも、あまりにも範囲が広いので追いつかない。

ただし、もしそこが原生林で、ゆっくりと着実に木が生長する環境が整っているのなら、そうした甚大な被害のあとであっても樹木が生き残れる可能性は高い。じっくりと時間をかけて生長してきた木は年輪の幅が狭い、つまり密度が高くて丈夫なので、菌類の侵入への抵抗力が強いからだ。

私自身、そうした被害に遭いながらも数十年をかけて傷口をふさぐことに成功した若い木をたくさん見てきた。だが、産業目的の植林地ではそうはいかない。植林地の樹木は生長が早いので、年輪の幅が広く、木質に空気がたくさん含まれている。根から吸い上げられた水分と豊富な空気——菌類にとって理想的な環境なので、木は老成することなく倒れてしまう。そうした木が自ら閉じることができるのは、冬につけられた小さな傷だけに限られるのだ。

## 住宅供給サービス

動物たちは若い木だけではなく、立派な成木も利用する。大きな木は住宅として大人気だ。ただし、木がそれを望んでいるわけではない。特に古い木の太い幹は、鳥やコウモリ、イタチなどに好まれる。太いほうが丈夫な壁となって、暑さや寒さを防いでくれるからだ。

たいてい、幹に数センチほどの深さの穴を開けて最初に棲みつくのはアカゲラやクマゲラなどのキツツキだ。キツツキは腐りはじめている木にしか巣をつくらないとよく言われるが、実際にはそうではない。健康な木にも穴を開ける。新築と崩壊寸前の住宅があるとき、あなたはどちらを選ぶだろうか？　キツツキも前者を選んで、しっかりと長持ちする巣をつくろうとする。

そこで健康な木に穴を掘りはじめるが、そのうち疲れてしまうのだろう。第一工期が終わったころには数ヵ月の休憩をはさんで、菌類が穴を柔らかくするのを待つ。木に穴を開けてくれるキツツキに菌類は感謝しているにちがいない。なぜなら、菌類は木の硬い樹皮を自分の力で打ち破ることなどできないのだから。キツツキが開けた穴に菌類が飛びついて、木質（もくしつ）を分解しはじめる。樹木にとっては二重の苦しみだが、キツツキにとっては菌類に作業を分担してもらえる。しばらくすると繊維が柔らかくなって、工事が続けやすくなるからだ。

そのうち、生活できるほど穴が大きくなる。だが、カラスほどの大きさにもなるクマゲラにはその穴でもまだ足りない。そこで、二つめ、三つめの穴を掘る。一つの穴で卵を産み、別の穴で寝泊まりをして、気分を変えるためにもうひと部屋が必要なのだ。

毎年、穴の手入れも怠（おこた）るわけにはいかない。穴の開いた木の根元に木くずがたくさん落ちているのがその証拠だ。菌類が休みなく木質を腐らせ、木くずに変えてしまうのだ。そんな場所では卵をうまくかえすことができないのだろう。木くずを外に捨てて大掃除をして、穴を前よりも大きくする。するとそのうち穴が大きくなりすぎ、次の問題が生じる。雛鳥（ひなどり）が独り立ちして、いよいよ巣から飛び立つ日がきたときに、穴が深すぎると、雛が出口までよじ登れないのだ。

そこで、遅くともこの時点で、キツツキは穴を明け渡す。そこに入居するのは、穴に細工ができる動物だ。たとえばゴジュウカラ。死んでしまった木をキツツキのようにつついて、昆虫の幼虫を食べるという特徴をもつ小鳥だ。ゴジュウカラはキツツキが開けた穴に巣をつくるのを好む。ただし、そこには一つ問題がある。入口の穴が大きいので、外敵が侵入して雛が襲われる危険があるのだ。それを防ぐために、ゴジュウカラは粘土を貼りつけて、入口を狭くする。

ちなみに、外敵との関係で、樹木は入居者に特別なサービスを提供している。木材の性質を生かしたサービスだ。木質繊維は音をよく伝える。バイオリンやギターなどの楽器が木材でつくられるのもそのためだ。今度森に行ったときに倒れた長い木を見つけたら、その細い先端部分の幹に耳をあててみよう。そして、誰かに幹の太いほうの端を小石でやさしくたたいたり、こすったりしてもらおう。その音は驚くほどよく聞こえるはずだ。耳を幹から離せば何も聞こえなくなる。

木の穴に棲む鳥は、この特性を警報器として利用する。ただし彼らが聞き耳を立てるのは小石の当たる音などではなく、イタチやリスなどの爪の音だ。そうした動物が登ってくる音が木のてっぺん近くにいても聞こえるので、鳥たちは危険を察知して逃げることができる。飛べない雛鳥は、外敵の注意をほかにそらそうとする。うまくいかなければ雛鳥は攻撃されてしまうが、それはしかたがない。その隙に親鳥が逃げて生き残りさえすれば、またいつか出産する機会がある。

コウモリは別の悩みを抱えている。この小型の哺乳動物は子どもたちを育てるのにたくさんの穴を必要とする。ベヒシュタインホオヒゲコウモリという種は雌同士が小さなグループをつくり、助け合いながら子どもを育てる。だが一つの場所にとどまるのは数日だけで、そのあとは引っ越しを繰り返す。その理由は寄生虫にある。一つの木の穴に長い期間とどまっていると、寄生虫が一気に増えて、すべてのコウモリに寄生してしまう。それを防ぐために短期間に何度も引っ越しをするのだ。

フクロウは大きいので、キツツキの穴にすぐには入居できない。数年間待つ必要がある。数年のあいだに穴の腐食が進み、入口も大きくなるからだ。放棄された穴のすぐ上か下にキツツキが新しい穴を開けた場所も、フクロウにとっては好都合だ。腐食によって二つの穴がつながり、フクロウが棲めるだけの大きな穴になりやすくなる。

では、木はいったい何をしているのだろう？　じつは必死に抵抗している。一度穴が開いてしまった以上、菌類の侵入を止めようとしても手遅れとなる。だが、傷口、つまり穴の入口さえふさげれば、寿命を延ばすことができる。穴がふさがれば、内部の腐食は進むものの、全体としては安定を保ったまま、その後も一〇〇年以上は生きられる。

キツツキの穴にこぶのような腫れができていれば、木がこの自己治癒を行なった証拠だ。だが、穴を完全にふさぐことはめったにできないようだ。ふさごうとしてあらたにつくった木質が、キツツキによってまた取り除かれてしまうからだ。

腐食した幹にはさまざまな生き物が棲みついている。たとえばアリは腐った木をかじって巣をつくる。そしてアブラムシが排出した糖液をアリが壁に塗り込む。すると、そこに菌類がやってきて菌糸を張り、巣を補強してくれる。

腐った穴のなかにできる木くずをあてにする昆虫もたくさんいる。昆虫の多くは長い時間を幼虫として過ごす。その数年間は特に安定した環境が必要だ。幼虫にとって数十年をかけてゆっくりと死んでいく樹木はまさにうってつけの存在といえる。そのため、菌類だけでなく昆虫までもが木に開いた穴に殺到して、糞や木くずを穴の底に落とす。コウモリやフクロウ、ヤマネなども糞をする。

こうして、穴の底の腐植質にはつねに養分が補給される。コメツキムシやハナムグリの一種であるオオチャイロハナムグリの幼虫は穴の底の腐植質に好んで棲みつくことが知られている。[34] オオチャイロハナムグリは基本的に怠けもので、できることなら生涯ずっと朽木の根元の洞窟で過ごそうとする。飛ぶこともなく、一族が数世代にわたって同じ木のなかで生活することもあるという。

そうした昆虫のためにも、古い木を維持することがいかに大切かがわかるだろう。その木が切り倒されたら、住人たちはほかの木に移動しなければならない。新しい住まいが数キロ離れたところにあったら、移動中に力尽きてしまうかもしれないのだ。

もともと弱っていた木が嵐などで倒れた場合にも、その木は森のコミュニティの役に立ちつづける。倒木にたくさんの生き物がやってきて、そこをすみかとするからだ。こうして森に棲む種が多様になる。種の多様性が高まれば、森林という生態系もより安定することが知られている。なぜ安定するのか、その仕組みはまだよくわかっていない。どの生物にも天敵が存在するため、森林にいる生き物の種類が多ければ多いほど、一つの種がほかの種を一方的に利用することができなくなるからではないだろうか。倒れて朽ちてしまった木は、「木製のエアコン」の章で見たように、森の水分調節にひと役買って、生きている木を手助けしてもいる。

## さまざまな生き物の母艦

樹木に依存して生きている動物のほとんどは、木にとって害になるようなことをしない。彼らは幹や枝葉を生活空間として使っているだけだ。樹木の立っている場所によって湿度も光の量も異なるので、さまざまな生き物が自分に合った区画を選んで棲(す)みわけている。

ただし、森の上階については研究がまだあまり進んでいない。本格的に調査するには、クレーンやタワーが必要になるからだ。そこまでするのは大変なので、ときには荒っぽい手段が選ばれる。たとえば樹木の研究者のマルティン・ゴスナーは、数年前にバイエルンの森国立公園にある樹齢およそ六〇〇年、高さ五二メートル、直径二メートルの大木に除虫菊粉剤を散布した。その木の樹幹で生きていたクモや虫がその殺虫剤を浴びて、雨のように上から降ってきた。もちろん死んだ姿で。残酷な話だが、おかげでどれだけたくさんの生き物が樹上で生活していたかがわかった。二五七種類、二〇四一匹の生き物が確認できたのだ[35]。

樹冠には〝池〟もある。幹から伸びる枝の付け根に雨水がたまることがあるからだ。この小さな水たまりにボウフラがわき、それを食料とする珍しい昆虫も集まってくる。幹に開いた穴に雨水がたまることもあるが、そこに棲むのは容易ではない。穴のなかは真っ暗で、腐植質を含んでいる水のなかには酸素はごくわずかしかない。幼虫がかえったとしても、その水のなかでは呼吸ができない。例外は、生まれながらにシュノーケルをもっている生き物、たとえばタカネベッコウハナアブの幼虫だ。彼らは呼吸管を望遠鏡のように伸ばせるので、水たまりが浅ければ死なずにすむ。だが、そういう水のなかではバクテリアぐらいしか繁殖できない。おそらくタカネベッコウハナアブの幼虫はバクテリアを食べて生きているのだろう[36]。

キツツキに穴を掘られてそこからだんだんと腐っていく木や、寿命を全う（まっとう）してゆっくりと朽ちていく木は、多くの生物に貴重な生活空間を提供する。しかし、すべての樹木がゆっくりと死んでいくわけではない。嵐になぎ倒されたり、数週間のあいだにキクイムシに樹皮を食いつくされて葉を失ったりして、あっという間に命が終わることもある。

その木をすみかと決めた生き物にとっても大変な緊急事態だ。根から送られてくる水分や、樹冠から流れてくる糖質をあてにしていた動物や菌類は、その木を離れなければならない。これは命にかかわる問題だ。なにしろ、自分が棲んでいた小さな世界が突然なくなったのだから。だが、本当にそうなのだろうか？　実際には、小さな世界が終わるだけでなく、新しい小さな世界が始まる瞬間でもあるのだ。

ペーター・マファイの曲に「私が死ぬとき、この世を去るのは私の一部だけ」という歌詞があった。まるで樹木のために書かれたような言葉だ。というのも、森林という生態系にとって、死んだ木の体は、生きた木と同じように貴重だからだ。木は数百年もの時間をかけて養分を地面から取り込んで体内にためる。これが子どもたちにとってかけがえのない遺産となる。

ただし、子どもたちはこの遺産を直接利用することができないので、ほかの生き物の助けを借りる。実際に、折れた木が地面に倒れるやいなや、幹や根元で菌類や昆虫の仕事が始まる。どの部分の何をどの程度まで分解するか、生き物によってその分担が決まっている。

そういう生き物にとって、元気な木は専門外なので、生きている木の脅威となることはない。彼らは、もろくなった木質（もくしつ）繊維や腐敗した細胞にしか見向きもしない。この食事（そして、結果的に成長）にじっくりと時間をかける生き物がほとんどだ。ミヤマクワガタも例外ではない。ミヤマクワガタの成虫は数週間しか生きられない。繁殖するためにだけ成虫になるともいえるだろう。ミヤマクワガタは生涯のほとんどを幼虫として朽ちた広葉樹の根を食べて過ごす。立派なさなぎになるまでに八年もの時間をかけることもある。

木の幹に半円形のキノコが育っているのをよく見かけるが、キノコも同じように時間をかけて生長する。ツガサルノコシカケがその例だ。このキノコは木の白いセルロース繊維を栄養源とする。その半円形の子実体は幹に水平に付着し、下面の管から胞子を雨のように降らせる。その木が倒れると、垂直になった子実体はこの管を閉じて、横に広がるように生長を続け、ふたたび水平な半円を形づくる。

伐採された木の場合、切り株の切断面を見れば、菌類が食料をかけた激しい闘いを繰り広げていたことがよくわかる。まるで大理石の表面のように、色の濃い部分と薄い部分が黒い線ではっきりと分かれている。この色の違いは、その場所に取りついた菌類の種類が違うことを意味している。隣り合う菌類は相手の侵入を許さない重合体で境界をつくるので、それが黒い線のように見えるのだ。

すべての動植物種の五分の一は朽木に依存しているといわれているが、数にするとお

よそ六〇〇〇種（分類学上の〝種〟）にのぼる。(37)

栄養の循環という意味で欠かせない存在なのは確かなのだが、こうした朽木に群がる生き物が森林を脅かすことはないのだろうか？　朽木が少ない時期に、生きた木を襲ったりはしないのだろうか？　そういう心配をする人は多いようだ。元気な木が襲われてはたまらない、とばかりに朽木を見つけるたびにそれを森の外に運び出そうとする森林所有者もいるほどだ。

しかし、それは無駄な努力でしかない。そんなことをしても、貴重な生活空間を壊すだけだ。朽木の住人は健康な木に手出しはできない。彼らにとって、元気な木の木質は硬すぎ、湿度や糖度も高すぎる。そうでなくとも、ブナやナラには自分を守る手段がある。適した環境で育つ健康な樹木はどんな攻撃もはね返すことができ、それを手助けしてくれる小さな仲間もいる。それどころか、倒木が苗木のゆりかごとなって役に立つこともあるのだ。特にトウヒの苗木は倒れた親木に直接根づくことが多いようだ。朽ちて柔らかくなった木材が水分をたくさん蓄え、菌類や昆虫による分解で養分が豊かだからだ。

ただし、いいことばかりではない。土壌のかわりとして使われている倒木は、いつか完全に分解されて、土に還ってしまう。そうなったとき、そこに根を張った幼木はどうなるのだろうか？　根がだんだんとむきだしになり、安定を失ってしまう。とはいえ、このプロセスには数十年かかるので、分解されつつある朽木から地面に根を伸ばすまでの時間は充分にある。倒木が完全になくなると、そこに育ったトウヒは親木の直径分だけ宙に浮いた体を根で支える姿になっている。

## 冬眠

夏の終わりごろ、きれいな緑色だった樹冠が淡い黄色に変わり、森は独特の雰囲気に包まれる。まるで木々が疲れ果てて、活動期を終えてしまったかのようだ。私たち人間と同じで、一生懸命に働いたあとはゆっくり休みたいのだろう。

そんなとき、クマや野ネズミなら冬眠するが、樹木はどうするのだろう？　私たち人間のアフターファイブのような安らぎの時間が彼らにもあるのだろうか？　じつは、樹木と同じような行動をする動物がいる。ヒグマだ。ヒグマは冬に備え、夏から秋にかけてたくさん食べて体重を増やす。樹木も同じだ。クマと違って果実やサケを食べたりはしないが、日の光をいっぱい浴びて糖質などをつくり、クマのようにそれを皮膚に蓄えておく。ただし、樹木は太ることができないので、今ある組織を栄養分で満たすだけだ。

クマは食べれば食べるだけどんどん太るが、木の場合、満たされてしまえばそれで終わりになる。たとえば野生のサクラやナナカマドなどは、まだまだ日差しの強い時期が続いているというのに、八月になると早くも赤く染まりはじめる。今年の活動はもう終わり、といわんばかりに。樹皮の下と根っこのタンクが満たされたので、それ以上糖分をつくっても蓄える場所がないからだ。まだまだ太ろうとするクマを尻目に、そういう木々は冬眠の準備を始める。ほかの樹種は貯蔵タンクが大きいのだろう、秋の終わりまで光合成を続ける。だが、最初の木枯らしが吹くころにはそれも終わり、すべての活動を停止する。

なぜ、そんなことになるのだろう。理由の一つは水分にある。木は液体の水しか利用できない。水が凍ってしまうと、体内の水の通り道が凍った水道管のように破裂してしまうため、多くの樹種ではすでに七月ごろから活動を弱めて、体内に流れる水の量を減らそうとする。

ただし、(先に挙げたサクラやナナカマドなどの例外を除いて)二つの理由であまり早い時期に活動を停止してしまうわけにはいかない。一つは、晩夏に訪れる天気のいい日を光合成に利用するため。もう一つは、葉に蓄えられた物質を幹や根に移動させるためだ。特に重要なのは葉緑素だ。翌年の春に新しい葉に送り込むために、葉緑素を成分に分解して、どこかに保管しておかなければならない。

葉緑素の分解と保存が終われば、葉の本来の色である黄色や茶色が見えてくる。この色はカロテンからきているのだが、警告の意味もあるのではないかと考えられている。この時期になると、暖かい場所を求めてアブラムシをはじめとする昆虫が樹皮のしわの隙間(すきま)などに逃げ込む。健康な木は葉の黄色をきれいに輝かせることで、自分には翌年も抵抗力があるぞ、と合図している。[38] これは、その木には免疫力があって充分な防御物質が分泌できるということを意味しているので、アブラムシの子孫などの目には脅威に映るのだろう。だから彼らは、発色の薄い病弱そうな樹木を探す。

しかし、ここまで慎重な冬支度がどうしても必要なのだろうか？　いや、針葉樹はほかにもたくさんの方法があることを教えてくれる。彼らは緑色の針葉をずっとつけたままだ。毎年葉を生え替わらせようなどという気はまったくない。だが、かわりに、不凍液の役割を果たしてくれる物質を葉のなかに含めることにした。また、乾燥した冬でも水分が失われないように、針葉の表面をワックスの層で厚く覆(おお)っている。樹皮も硬く、呼吸のための気孔はとても深い部分にある。どれも水分がなくなるのを防ぐためだ。乾燥した地面からは水を吸い上げることができないのに、地上の木が水分をどんどん失えば、そのうち枯れて死んでしまうからだ。

一方、広葉樹にはそうした仕組みがない。だからブナやナラは寒い時期がくると、大急ぎで葉を落とす。では、どうして広葉は分厚い保護層や不凍液をもつように進化しなかったのだろう？　広葉樹は、毎年春になるとせっせとたくさんの葉をつくり、冬がくると葉を落とす。たった数ヵ月のためにこれだけのことをするのは、果たして理にかなっているといえるだろうか？

進化という観点から見ると、その答えは〝イエス〟だ。広葉樹がこの世に現われたのはおよそ一億年前と考えられているが、針葉樹はすでに一億七〇〇〇万年前に誕生していた。つまり、広葉樹のほうが〝新しい〟。広葉樹が行なう冬支度は、実際とても有意義だ。そのおかげで〝冬の嵐〟という巨大な力に耐えられるからだ。

一〇月を過ぎたころから強風が増えてくる。樹木にとっては生きるか死ぬかの大問題だ。時速一〇〇キロに値する風が吹けば、大木ですら倒れることがある。時速一〇〇キロといえば、週に一度は吹く程度の強さでしかないが、換算すれば二〇〇トンもの重圧がかかる。ただでさえ秋の長雨で土壌（どじょう）がぬかるみ、根が不安定になっているので、普通ならひとたまりもなく倒れてしまうはずだ。

そこで広葉樹は対策を立てた。風の当たる面を減らすために、帆を、いや、〝葉〟をすべて落とすことにしたのだ。その結果、一本につき一二〇〇平方メートルもの面積に相当する葉がすべて地面に消えてなくなる。[39] 帆船にたとえると、四〇メートルの高さのマストに掲げた幅三〇メートル高さ四〇メートルのセールをたたむのと同じ計算だ。それだけではない。幹と枝は、一般的な乗用車などより風の抵抗を受けないような形になっている。しかも、しなることができるので、突風が吹いても風による圧力は樹木全体に分散する。こうした仕組みが結合して、広葉樹も無事に冬を越すことができる。

では、五年や一〇年に一度の強風が吹いたときにはどうなるのか？　そんなとき、森の樹木は協力して危機に立ち向かう。どの木もそれぞれ独自の強さや太さや、経験をもっている。そのため、暴風が吹くと、どの木もいっせいに同じ方向にしなるが、それぞれが違った速度でもとに戻ろうとする。木が一本しかないと、最初の風で揺れてバランスを崩しているところにもう一度強風が吹いたときには、しなりすぎて倒れてしまう可能性が高いだろう。

しかし、森ではそうはならない。それぞれのスピードで揺れるので、枝同士がぶつかり合い、揺れにブレーキがかかる。そのため、バランスを崩している時間が短くなり、次の強風がくるころにはみんな静止している。だから、二度めの強風も一度めと同じように耐えられるのだ。みんな個体として自立しながらも、同時に社会としても機能している。森林を見ていると、思わず感心してしまう。とはいえ、念のために付け加えておくが、嵐の日に森に入るのはできるだけ避けたほうがいい。

話を戻そう。広葉樹が毎年欠かさず葉を落とすのは、風に対処するためだけではなく、別の理由もある。雪だ。すでに述べたように、一二〇〇平方メートルもの面積に値する葉が落ちてなくなるのだから、枝に積もるごく一部を除いて、降ってくる雪の大半は直接地面に落ちることになる。

雪よりさらに重いのが氷だ。私も数年前に体験したことがある。その日、気温は〇度を少し下まわり、霧雨が降っていた。そんな天気が三日も続いていたので、私は森のことを心配していた。雨は枝に落ちるとすぐに氷に変わっていったからだ。どの木もガラスでコーティングされたように見た目はとてもきれいだったが、シラカバの若木は重みに耐えかねてみんな腰を曲げていた。

この子たちはもうだめだ、と私は悲しくなったのを覚えている。成木、特にダグラスファーやトウヒといった針葉樹もひどいありさまで、木によっては枝の三分の二を失っていた。大きな音を立てて折れた枝が落ちてくるのだ。彼らがふたたび以前のような樹冠を茂らせるには、数十年かかるだろう。

ところが、私はその後、曲がってしまったシラカバの若木たちに驚かされた。数日後、氷が溶けたときに九五パーセントがまっすぐに立ち直ったのだ。それから数年たった今、彼らにはなんのダメージも残されていない。ただし、わずかとはいえ、再生しなかった木もある。曲がって安定を失った幹が折れ、ゆっくりと土に還(かえ)っていった。

落葉とはつまり、気候に対する優れた防衛手段なのだ。それに樹木にとってはトイレをすませる機会でもある。私たちが夜寝る前にトイレに行くように、樹木も余分な物質を葉に含ませて体から追い出そうとする。木にとって葉を落とすことは能動的な行為であり、冬眠に入る前にすませておかなければならない。翌年も使う物質を葉から幹に取り込んだら、樹木は葉と枝のつなぎ目に分離層をつくる。あとは風が葉を吹き落としてくれるのを待つだけだ。

この作業が終わると、木はようやく休むことができる。活動期の疲れを癒(い)やすためにも、休息は絶対に必要だ。睡眠不足が命にかかわる問題なのは、樹木も人間も変わりない。実際、ナラやブナを植木鉢に植えて、室内に置いてもその木は長生きできない。人間がいるのでゆっくり休めないからだ。ほとんどの場合、一年以内に枯れてしまう。

ところで親木の下に立つ若木には、特別なルールがある。親木が葉を失うと、日の光は森の地面にまで届くようになる。若木にとっては思う存分光を浴びて、エネルギーを蓄えるチャンスなので、まだ葉を落とすわけにはいかない。だが、気温が突然下がると大変だ。マイナス五度ぐらいの寒さになると、どの木も活動が鈍り、冬眠を始めてしまう。そうなるともう分離層をつくれないので、葉を落とせなくなってしまう。

　でも、幼い木はそうなってもかまわない。まだ小さいので、風になぎ倒されることも、雪に押しつぶされることもないからだ。このような時間差を、若木は秋だけでなく春にも利用する。親木たちより二週間ほど早く新しい葉をつけ、日光浴を楽しむ。

　では、どうして若木には活動を始める時期がわかるのだろう？　親木がいつ葉を広げるのか、知らないはずなのに。その答えは気温の差にある。地面の近くでは、三〇メートルの上空に比べて二週間ほど早く暖かい春が訪れる。樹冠のあたりはまだ厳しい風が吹いて気温も低く、暖かくなるにはもう少し時間がかかるが、地面の近くは落ち葉の層が腐葉土として熱を発するうえに、大木の枝が晩冬の風をブロックしてくれるので、上空よりも気温が高くなるのだ。秋の二週間と合わせておよそ四週間、若木は存分に生長できる。この期間だけで、生長期全体の二〇パーセントにも相当する。

　広葉樹にはさまざまなタイプの倹約家がいる。基本的に、葉を落とす前に翌年のために蓄える物質を枝に取り込むのだが、樹木のなかには倹約する気などさらさらない種類もあるようだ。たとえばハンノキは、明日のことなどどうでもいいとばかりに緑色の葉を落とす。ハンノキは主に湿った肥沃（ひよく）な土地に生えるので、毎年あらたに葉緑素をつくる余裕があるのだろう。必要となる物質は、足元の菌類やバクテリアが落ち葉からつくってくれるので、それを根から吸収すればいいのだ。

窒素もリサイクルする必要はない。ハンノキに共生する根粒菌がどんどん供給してくれる。ハンノキ林一平方キロメートルにつき、根粒菌が一年で三〇トンもの窒素を空気から取り込んで、根に譲り渡してくれる。[40] これは農家が畑に散布する窒素肥料よりも多い量だ。ほかの樹種が倹約に努めるかたわらで、ハンノキは贅沢な暮らしを続けている。トネリコやニワトコも同じような特徴をもっていて、秋の森林の模様替えには参加せずに、緑のまま葉を落とす。

では、色を変えるのは倹約家だけなのだろうか？　いや、そうとはかぎらない。黄色やオレンジ色や赤は葉緑素がなくなったあとに見られるカロテノイドやアントシアンの色だが、同じようにのちに分解される。ナラはとても慎重な木なので、それらすべてを貯蔵してから茶色くなった葉だけを落とす。ブナは茶色くなった葉もまだ黄色い葉も落とし、サクラは赤い葉を落とす。

広葉樹の話が続いたので、少し針葉樹に目を向けてみよう。針葉樹の仲間にも広葉樹のように葉を落とすものがいる。カラマツだ。どうしてカラマツだけがほかの針葉樹がしないことをするのか、私にはわからない。葉を落とすか落とさないか、そのどちらが生き残りにとって有利なのか。もしかすると、自然の進化も答えを決めかねているのかもしれない。葉を落とさないことの利点は、春になっても新しい葉をつくることとなく、すぐに光合成が始められることにある。だが、樹冠が春の日差しを浴びて光合成を始めるころにはまだ地面が凍っていることもある。そういうときには、水分が根から送られてこないため、葉が乾燥してしまう。去年できたばかりの葉はワックスの層がまだ厚くないので、水分の蒸発を抑えることができずに特に枯れやすくなっている。

ちなみに、トウヒやマツ、モミやダグラスファーといった針葉樹も葉を落とす。傷んであまり役に立たなくなった古い葉を捨てるためだ。それでもモミは一〇年、トウヒは六年、マツは三年、葉を使いつづける。枝が区分けされていて、その葉が何年めかもわかるようになっている。マツは毎年四分の一の葉を捨てるので、冬は少しみすぼらしい姿になるが、春にはまた新しい葉が生えて、元気な姿を見せてくれる。

## 時間感覚

秋の落葉と春の再生、私たちの森ではごく当たり前に見られる現象だが、よく考えてみるととても不思議だ。樹木には時間感覚があるのだろうか？　樹木は冬がきたことをどうやって悟るのだろう？　暖かい冬の一日と本当の春の訪れをどうやって区別するのだろう？

気温が上がると、幹のなかで凍っていた水も溶けて流れはじめる。そこで、暖かい日が数日続くことが新芽をつくるきっかけになる、と考えるのが理にかなっているような気がする。ところが驚いたことに、冬が寒ければ寒いほど、新芽が生じる時期が早くなるのだ。ミュンヘン工科大学の研究者が気候実験室で調べたところ、寒期の気温が高ければ高いほど、ブナの枝が緑になる時期は遅くなった[41]。一見、つじつまが合わないように思える。ほかの植物、たとえば草花が一月に早くも芽を出して花を咲かせた、といったニュースはよく耳にする。樹木の場合は、冬がしっかり寒くないときちんと冬眠ができずに、春になってもなかなか元気が出ないのだろうか。理由はともあれ、気候の温暖化が進む今、この習性は困りものだ。冬が暖かくても平気な樹種が先に葉を広げてしまうからだ。

一月から二月にかけてとても暖かい日が続いても、ナラやブナは新芽を出そうとはしない。彼らにはどうしてまだ春ではないとわかるのか？　その謎を解くヒントが果樹の調査で見つかっている。どうやら、木は数を数えることができるのだ！　暖かい日の数が一定の基準を超えてはじめて、木は安心して〝春だ〟と考えるようだ。[42]とはいえ、暖かいからといって、それが春だともかぎらない。

気温だけでなく昼の長さも、葉の廃棄や再生に影響する。たとえばブナは、日の出ている時間が一日一三時間を超える時期になって、ようやく活動を開始する。つまり、驚いたことに、樹木にも目のようなものがあるにちがいないということだ。目の役割を果たしている第一候補は、葉だ。葉はいわば太陽電池のようなものなので、光を感じる器官がそこにあっても不思議ではない。しかし実際のところ、夏には葉で光を感じるとしても、春になったばかりのころは、まだ葉が生えていない。

では、葉のない木がどうやって光を感じるのか。いまだにはっきりとはわかっていないが、おそらく芽にその能力があるのだろうと考えられている。折りたたまれた葉を茶色の皮で包んで乾燥から守っているのが芽だ。芽が開きはじめたら、その皮を光にかざして観察してみてほしい。そう、芽の皮は半透明で、光を通すのだ！

おそらく、雑草の種子と同じで、少しの光でも昼の長さを計算するには充分なのだろう。雑草の種子は月明かりの弱い光にすら反応して、芽を伸ばしはじめる。葉や芽だけでなく、木の幹も光を感じる能力をもっている。たいていの樹種の樹皮にはとても小さな芽が眠っているからだ。隣に立っていた木が倒れると、幹にも光が当たるようになる。するとこのチャンスを利用しようと、幹の芽が吹きはじめる。

ではなぜ、樹木は暖かい日々が続いたときに、今が春なのか、それとも晩夏なのか、それを区別できるのだろう？　木は昼の長さと気温の組み合わせでそれを判断する。気温が上がりつつあれば春、下がりつつあれば秋というわけだ。だからこそ、ヨーロッパのナラやブナは、季節の逆になる南半球、たとえばニュージーランドに植えられても、問題なく育つことができる。このことから、もう一つの事実がわかる。樹木には記憶力もあるという事実が。でなければ、昼の長さを比べたり、暖かい日の数を数えたりできるはずがない。

とりわけ暖かい年の秋に高い気温が続くと、樹木といえども混乱する。九月を過ぎてから芽が膨らみ、場合によっては新しい葉を広げたりもする。いわばフライングで、このルール違反は、遅れた冬がやってきたときにペナルティを科される。吹いたばかりの芽の組織はまだ木質化が進んでおらず、新しい葉は無防備なのですぐに凍ってしまう。それは大きな痛みにちがいない。翌年のために準備していた芽がフライングのせいで失われてしまうと、新しい芽をつくる必要も生じる。つまり、不注意な樹木はエネルギーを失い、翌年もその悪影響に苦しむことになる。

時間感覚が必要な理由は葉だけにあるのではない。時間感覚は、子孫繁栄のためにも大切な能力なのだ。たとえば、秋に地面に落ちた種子がすぐに発芽してしまったら二つの問題が起きる。すぐに冬がくるので、苗木は硬くて丈夫になるだけの時間がない。そのため、凍りやすくなってしまう。また、冬にはほかに食べものがなくなったシカなどが、柔らかい苗木を食べてしまうかもしれない。だから、ほかの植物といっしょに春に発芽するほうがリスクが少ない。そのため、種子も温度を検知し、寒い時期から暖かい日々に変わったのを確認してからはじめて発芽する。

ただし、葉のサイクルで見たような複雑な計算は、種子の大半には必要ないようだ。たとえばブナやナラの木の実の多くは、カケスやリスなどが土のなかに埋めてしまう。

地中数センチの場所は、外が本当に春にならないかぎりはけっして暖かくならない。シラカバなどの軽い種子は、もう少し頭を使う必要があるだろう。羽根があって軽いので種子は地面に落ちたあともずっと地表にとどまりつづける。場所によっては強い日差しが当たることもあるため、種子といえども親木と同じように日数を数えて、適切な時期を待たなければならないからだ。

# 性格の問題

私の故郷ヒュンメルと隣町アールタールを結ぶ道路のわきに三本のナラが立っている。一〇〇歳を超える木が数十センチというとても狭い間隔で並んでいるので、地元では有名な存在だ。一メートルの範囲内に立っているのだから、どの木にとっても環境はまったく同じで、土壌(どじょう)や水や気候に差があるとも思えない。それなのによく観察してみると、どの木もそれぞれ自分なりの生長を遂げている。その理由は〝個性〟にあるとしか考えられない。個性があるからこそ、違った育ち方をするのだ！

葉のない冬と葉の茂る夏に車で通りかかっても、普通の人はそれが三本の木だとは気づかないだろう。枝が交差し合って、一つの大きなアーチを形づくっている。それだけを見るかぎり、一つの根から三本の幹が生えている可能性も捨てきれない。人間が伐採(ばっさい)

した木の切り株からふたたび芽が出たときによく見られる現象だ。だが秋になると、三本の木に活動の違いが見られる。右のナラの葉が変色を始めても、真ん中と左の木はまだ鮮やかな緑色のままだ。その二本が色を変えて冬眠の準備を始めるのは一週間か二週間後。まったく同じ環境に立っているのに、どうしてこのような差があるのだろう？ 樹木がいつ葉を落とすのか。それには実際に個性が関係しているようだ。前章で述べたように、ナラは葉を落とさなければならない。

では、どうやってその時期を見計らっているのか？ 冬がどのくらい近づいているのか、今年は寒さが厳しくなるのか、暖冬になるのか、木にはわからない。そこで、彼らは昼の長さが短くなって、さらに気温が下がったのを感じたら、冬が近いと判断する。

しかし、もう秋なのに夏のような陽気が続くこともある。そうなると、三本のナラも悩みはじめる。まだ暖かいうちにどんどん光合成をして、できるだけたくさんの糖質をつくっておこうか？ それとも、いつ訪れるかわからない本格的な寒さに備えて、そろそろ葉っぱを落としてしまおうか？

おそらく、この判断が木によって違っているのだ。三本のうち右に立つ木は心配性なのだろう。あるいは、合理的といえるかもしれない。葉を落とすチャンスを逃したら、冬を無傷で越すのは難しくなる。そうなると、いくら光合成をしても無駄になってしまうではないか。よし、今のうちに葉を落として、さっさと冬眠するぞ！

　ほかの二本は肝が据わっているにちがいない。来年の春には何が起こるかわからない。たとえば突然害虫に襲われて、エネルギーがたくさん必要になるかもしれないのだ。余分な糖質を確保しておくことの何が悪い？　そう考えて彼らは葉を落とさずに、幹と根の貯蔵庫を満たしつづける。

　これまではそれでも問題がなかったのだが、今後はどうなるかはわからない。というのも、温暖化の影響で秋に気温が高い日が増えてきているからだ。そのため、この二本は一一月に入っても葉を落とそうとしない。これはとても危険な賭けだ。以前と変わらず、一〇月にもなると強風が吹く日が増えるので、あまり葉が多いと木がなぎ倒されるリスクが高くなってしまう。そう考えると、心配性の木のほうが将来も生きつづける見込みは高いだろう。

　同じようなことが針葉樹のモミでも見られる。普通、モミの木の下半分には枝がない。下のほうには光が届かないからだ。養分の無駄遣いをなくすため、光の届かない場所に生える枝は活動を止める。人間も、ふだん使わない筋肉はどんどん衰えていく。カロリーの消費を抑えるためだ。

　だが、樹木は無駄な枝を自分で分解することができない。できるのは、活動を停止すること、つまり死なせることだけ。それ以外は、その部分に繁殖する菌類の仕事だ。菌類の働きでその枝もいつかもろくなり、折れて落ちてしまう。その後、地上でさらに分解されて土に還(かえ)っていく。

モミの木にとっての悩みは、その枝が折れたあとだ。枝が生えていた場所には樹皮がないので、そこから菌類が幹のなかに入り込んでくるおそれがある。だから傷口をふさがなければならない。枝があまり太くなければ（三センチ以下）、数年で傷口がふさがり、同時に内側から傷口に水分を集めることで、菌類を殺すこともできる。だが、それがとても太い枝だと、傷がなかなか治らない。一〇年過ぎても傷は開いたままで、菌類が深い部分にまで入り込んでしまう。幹が腐り、不安定になる。だからモミの習性として、幹の低い部分には細い枝しか生えないようにできている。木が生長してそれが折れると、その高さからは新しい枝が生えてこない。

ところが、ときどき例外が生じる。隣の木が倒れたら、降り注ぐ光を活用するために、幹の低い部分でも新しい芽を出して太い枝を伸ばすのだ。それは一見、理にかなった行動に思える。樹冠と幹の二カ所で光合成ができるのだから。それがある日――二〇年後かもしれないが――まわりの木が枝を広げて天井の隙間(すきま)を埋めてしまう。そのせいで、下のほうはふたたび暗くなり、太い枝が必要なくなる。太い枝が折れた傷口から菌類が入り込んで、木の本体を命の危険にさらしてしまう。日光への貪欲さが招いた悲劇といえるだろう。

木の個性によってこうした行動に差が出ることは、実際に森に入ってみればわかることだ。林冠に隙間があって日が差し込んでいる部分を見つけたら、まわりを囲む木々をよく見てみよう。どの木にも欲を出して低い部分に新しい枝を伸ばす理由があるはずなのに、誘惑に負けて実際にそうするのは一部の木だけなのだ。ほかの木は将来のリスクを避けて、じっとしている。

能力という点から見た場合、どの種類の樹木もとても高齢になることができる。私の管理する埋葬林を訪れるご遺族が必ず口にするのが、自分が買おうとしている木の寿命がどれぐらいなのか、という質問だ。樹木葬に選ばれることが多いブナかナラの場合、樹齢は四〇〇年から五〇〇年だと考えられている。ただ、それはあくまで統計の話で、すべての個体に当てはまるわけではない。人間と同じで、誰もが天寿を全（まっと）うするとはかぎらないのだ。

樹木の運命も、ある日突然、何らかの理由で大きく変わることがある。樹木の健康は、森林の生態系が安定しているかどうかで決まる。樹木は環境の変化に対する反応が遅いため、気温、湿度、光の量が急に変わることを好まない。たとえ環境が最適だとしても、虫や菌類、バクテリアやウイルスがいつ襲ってくるかわからない。

ただ、樹木がそうした外敵に負けるのは、健康のバランスを崩しているときに限られる。元気なときは、樹木は自分のエネルギーをうまく配分し、その大部分を日常生活に使う。呼吸して、栄養を〝消化〟して、友だちのキノコに糖分を分け与え、毎日少しずつ生長しながら、外敵に抵抗する力も少し残しておく。その抵抗手段には樹種ごとに異なる防御物質が含まれていて、必要に応じてその物質を活性化させるのだ。

抗生作用をもつこうした物質は〝フィトンチッド〟と呼ばれるが、実験によって驚くべき特性が判明している。レニングラード大学（現在のサンクトペテルブルク大学）の生物学者ボリス・トーキンは、一九五六年に次のような事実を発見した。原生動物を含む水にすりつぶしたトウヒやマツの葉を入れると、わずか数秒で原生動物が死んでしまったのだ。トーキンは同じ論文のなかで、マツ林のなかの空気は針葉が発するフィトンチッドの働きでほぼ無菌である、とも報告している。[43] つまり、樹木が身のまわりの環境を消毒していることになる。

それだけではない。私たち庭好きにとって、とてもうれしい物質をクルミの木は葉から発散してくれるようだ。リラックスできるベンチを置く場所を探しているのなら、クルミの木の下にしよう。そうすれば、蚊に刺される確率が格段に低くなるからだ。針葉樹のフィトンチッドはとてもいい香りがする。特に夏の暑い日に香りが強くなる。

長い時間をかけてつちかってきた生長と自己防衛のバランスが崩れると、樹木は病気にかかる。その原因の一つが隣の木の死だ。突然光が増えるので、もっと光合成をしたいという欲が生まれる。そんなチャンスは一〇〇年に一度あるかないかだから、欲が出るのも当然だろう。突然日光に包まれた木は、ほかの予定をすべてキャンセルして、枝を伸ばすことだけに意識を集中する。まわりの木がそうするので、自分もそうせざるをえないのだ。

その結果、二〇年という（樹木にとっては）短い期間で、隙間（すきま）は閉じられてしまう。それまで年に数ミリずつしか伸びなかった枝が、一気に五〇センチほど生長することもある。かなりの量のエネルギーをそのために使うので、病気や寄生虫に抵抗する力が残せない。運がよければ、病気にかかることもないまま枝の範囲を広げつづけ、隙間が埋まればひと息ついて日常のペース配分に戻れるのだが、生長中に何かあったら大変だ。枝の折れた傷口に菌類が感染して幹に入り込んだり、たまたまやってきたキクイムシが、その木は今必死に生長しようとしているので防御が手薄になっているということを察知したりする。

そうなればもう手遅れだ。一見健康そうな幹には抵抗力が残されていないので、感染が徐々に広がり、その影響が樹冠にも表われはじめる。広葉樹の場合、元気だったいちばん上のあたりの芽が枯れ落ちてしまうので、幹の先端の枝が小枝を失ってむきだしになる。針葉樹では、まだ落ちるべきではない葉が落ちてしまう。たとえばマツが病気になると、三世代ではなく一世代か二世代の葉だけになってしまうため、樹冠が明るくなる。トウヒの場合はそれに加えて、枝が元気なく下に垂れ下がるような形になるだけでなく、幹の樹皮が大きく裂けたりすることもある。そこからはあっという間だ。穴の開いた熱気球のように、元気をなくした樹冠がしぼみ、死んでしまった枝が冬の風に逆らえずに落ちてしまう。トウヒは先端近くの枯れた枝の色と、下のほうのまだ枯れていない枝の緑色が大きく異なるので、衰弱していく様子がよくわかる。

生きている木は必ず生長するので、毎年欠かさずに年輪をつくる。樹皮と木質(もくしつ)とのあいだにある透明な形成層はその生長期に、内側には木質細胞を、外側には樹皮細胞をつくる。太くなれなくなった木は死んでしまう。少なくとも、これまでずっとそう言われてきた。

ところがある日、スイスで研究者たちが緑の葉を茂らせた、見た目は健康そうなマツの木々を発見した。切り倒したり、穴を開けたりして調べたところ、数本の木が三〇年以上も年輪をつくっていないことがわかったのだ[44]。緑色に茂っているのに、すでに死んでいるというのだろうか？　これらの木は、マツノネクチタケという攻撃的なキノコに感染して、形成層が死滅していたにもかかわらず、根が水をくみ上げて、幹を通じて樹冠にまで運び、葉に不可欠な水分を届けていたのだ。

だが、その根はどうなのだろう？　形成層が死んでいるなら、樹皮も死んでいることになる。樹皮が生きていなければ、葉でつくられた糖質を根に送ることができないはずだ。残る可能性はただ一つ。まわりにある健康なマツの木のサポートだ。まわりの木々が根を通じて養分を分け与えることで、死につつある仲間を助けていたにちがいない。樹木がそういう活動をすることは、すでに「友情」の章でも説明したとおりだ。

病気だけでなく、けがをする木もたくさんある。隣の木が倒れてくるなど、原因はさまざまだ。森林のなかで一本の木が倒れると、まわりの木が巻き添えをくってけがをするのは避けられない。それが冬なら、ふだんより乾燥した樹皮が幹にしっかりとくっついているので、大事にはいたらない。被害といえば枝の数本が折れるぐらいで、それも数年後には治っているだろう。

一方、夏には樹皮が大きく傷つくことが多い。これは大変だ。夏は樹皮と木質のあいだにある形成層が水分をたくさん吸っているので柔らかく透明になる。そのため、ちょっとした衝撃でも樹皮がはがれてしまう。隣の木が倒れてその枝が当たると、ときには数メートルにもおよぶ傷になる。一刻を争う大けがだ。湿った木質がむきだしになると、数分後にはそこに菌類の胞子(ほうし)が付着し、またたく間に菌糸(きんし)を伸ばして木質や養分を奪おうとする。

だが、そう簡単にはいかない。幹の内側には水分が多すぎて、湿ったところが好きな菌といえども、溺(おぼ)れてしまうからだ。つまり、菌類の侵入はいわゆる辺材（樹皮に近い明るい色の木質部分）の水分によってストップされる。とはいえ、この部分は今はむきだしになっているため、外側から乾燥が始まる。ここからは時間との勝負になる。辺材の乾燥とともに菌類が侵入するのが早いか、それとも傷がふさがるのが早いか。傷口のまわりの組織が活性化して、できるだけ早く穴が閉じられるように生長する。一センチ幅の傷なら、一年で閉じることができる。遅くとも五年後には、傷口はふさがっていなければならない。ふさがりさえすれば、木は傷んだ木質をふたたび水分で満たし、内部の菌を殺すことができる。

そうなる前に菌が辺材から心材（幹の中央の色の濃い部分）にまで入り込んでしまえば、手遅れとなる。心材は比較的乾燥しているので、侵入してきた菌にとっては格好のすみかとなり、木にはもう抵抗する術(すべ)がない。つまり、けがをしたあとに生き残れるかどうかは、そのけがの大きさに左右される。三センチを超える傷はどれも要注意だ。

ただし、菌類が幹の中心にまで入り込んだとしても、必ずしも一巻の終わりではない。抵抗もないまま菌はばびこりつづけるが、すべてが食べつくされて腐植質に変わるまで一〇〇年かかることもある。その期間、外側の年輪、つまり辺材の部分は、水分が多いおかげで菌類が繁殖することがないために、樹木全体としての安定性は失われない。

極端な場合、煙突のように中心がくりぬかれているのにしっかり立っている木もある。中身の腐った木を気の毒に思う必要などない。そもそもその木は痛みすら感じていないはずだ。なぜなら幹の中央部（心材）はもともと活動を停止した部分で、新しい細胞がつくられることはないからだ。活動しているのは幹の外周（辺材）で、そこにはたくさんの水が流れているので菌類に冒されることはない。

要するに、幹にできた傷をふさぐことにさえ成功すれば、被害に遭わなかった木と同じように長生きできる。でもときには、特に寒い冬には古傷が問題になることもある。バチンという音とともに、幹が古傷に沿って破裂するのだ。幹が凍ったときに、古傷のある木では圧力が幹に均等にかからないからである。

# 光

森林にとって日光がとても大切なことは、すでに繰り返し説明してきた。植物の仲間である樹木は光合成をしなければならないので、当然といえば当然だ。しかし、庭で花壇や芝生の手入れをするとき、私たちは水や土壌（どじょう）の養分のことばかりを考える。光は私たちが何もしなくても太陽が届けてくれるので、水分や養分よりもじつは光のほうが大切なことをふだんはほとんど意識しないのだ。そして樹木にとっても同じだろうと考え、森林でも光が何よりも大切だということを見落としてしまう。

森林の樹木は少しでも多くのエネルギーを得ようとして、さまざまな策を駆使しながら日光の奪い合いを繰り広げる。森の最上階では巨大なブナやモミやトウヒが幅をきかせ、日光の九七パーセントを飲み込んでしまう。横暴で冷酷に聞こえるかもしれないが、弱肉強食はこの世の常ではないだろうか？　日光をめぐる闘いはこれまで樹木の圧勝に終わっている。長い幹があるからだ。

だが、幹を本当に長く、そして安定させるには、樹木はかなり長生きをして、多量のエネルギーを内部にため込まなければならない。たとえば、ブナの成木の幹は生長するために、じつに一万平方メートルの小麦畑の収穫に相当する糖分と繊維素を必要としている。それほど巨大なのだから、成木になるまでに一五〇年かかるのも不思議ではない。そのかわりに、樹木のほかには同じ高さに育つ植物がほとんどいないから、いったん生長してしまえばもう安心だ。光に困ることはない。一方、彼らの子どもたちは、残されたわずかな光でも生きていけるようにできている。それに授乳期の赤ん坊のように、親から養分も分け与えてもらっている。

ほかの植物はそういうわけにいかない。だからほかの方法を思いつく必要があった。その方法の一つが〝早咲き〟だ。ドイツの森では四月になると、大木の下の茶色い地面に白い花の絨毯（じゅうたん）が広がる。ヤブイチゲという花だ。そこにミスミソウをはじめとする紫色や黄色の花が混ざっていることも多い。ミスミソウは葉が人間の肝臓のような形をしているのが特徴で、とても早い時期に花を咲かせるので〝雪割草（ユキワリソウ）〟とも呼ばれている。ミスミソウはとても頑固。いったんここに棲（す）むと決めたら出ていこうとはしない。種子による繁殖にもとても長い時間をかける。そのため、数百年前から存続している広葉樹林にしか生息していない。

こうした色鮮やかな植物は花を咲かせることに全力を尽くすようだ。なぜ、たった一つの活動にエネルギーを集中するのだろうか？　その理由は自分たちが利用できる時間の短さにある。

三月、初春の日差しが地面を温めはじめるころ、広葉樹はまだ冬眠をしている。それから五月の初めごろまでの期間に、ヤブイチゲをはじめとした小さな植物は翌年のための炭水化物をつくって、根に蓄えておかなければならない。そのかたわら、もちろん繁殖もする。これにもエネルギーが必要だ。これらをすべて一ヵ月か二ヵ月で終えなければならない。頭上の樹木が新しい葉を茂らせてしまえば地表はふたたび暗くなるからだ。そうなれば、来年の春までの一〇ヵ月間は休息しかできない。

私は先ほど〝樹木以外に同じ高さに育つ植物はほとんどない〟と言った。そう、あくまで〝ほとんど〟ない、だ。実際には樹木でないのに樹冠の高さに届く植物も存在する。地面からその高さにまで育つのは大変な苦労だろう。アイビー（セイヨウキヅタ）がその代表だ。頭上の空をさえぎる大きな木、たとえばマツやナラの足元に落ちたアイビーの種は、まず地面に蔓(つる)を伸ばして絨毯のように広がり、そのうち芽が樹木の幹を這(は)うように上に伸びはじめる。

木の樹皮にしっかりとしがみつくために〝付着根〟と呼ばれる特別な根を使うのだが、中央ヨーロッパの植物でこれをもつのはアイビーだけだと言われている。何十年もかけて、アイビーは少しずつ木を登り、最後は樹冠に到着する。アイビーは数百年間も生きることができる。ただし、本当にそれほど古いアイビーが見つかるのは、樹木よりも絶壁や城壁のほうが多い。

専門書のなかには、アイビーは樹木に悪影響を与えない、と書かれているものもあるが、私はその意見に賛成ではない。たとえば、とりわけたくさんの光を必要とするマツは、アイビーというライバルの存在を快く思っていないはずだ。アイビーに邪魔されたマツの枝は枯れ落ち、ひどいときにはその木自体が死んでしまう。それに、幹に巻きつくアイビーの蔓が樹木ほどの太さになることもある。それがまるでヘビのように体を締めつけてくるので、マツやナラには大変な負担となる。この〝締めつけ〟をもっとわかりやすい形で見せてくれるのがニオイニンドウだ。

ユリに似たきれいな花を咲かせるこの植物は、若い木によじ登るのを好む。そのときにしっかりと幹に巻きつくので、巻きつかれた木は生長するにつれ、螺旋(らせん)状の窪(くぼ)みができてしまう。ほかの木に比べて生長が遅れるため、長生きできる見込みは小さくなる。

また、珍しい形になるため、杖として人間に利用されることも増える。たとえ大きくなったとしても、嵐がくれば締めつけられて細くなった部分が折れてしまうだろう。

木によじ登る手間をかけずに楽をする植物がヤドリギだ。ヤドリギは地面から上をめざすのではなく、最初から上に登る方法を見つけた。粘着質の種子が、たとえば鳥のくちばしにくっついて高い木の枝に運ばれるのである。では、そのような上空でヤドリギはどうやって水や養分を手に入れるのだろうか？　じつは、地面から遠く離れていても、木のなかには水や養分がふんだんにある。ヤドリギは自分がとまる枝の内側に根を伸ばし、そこから必要なものを奪う。ただし、ヤドリギ自体も光合成はできるので、ここで奪うのは水分とミネラル〝だけ〟だ。専門家がヤドリギのことを〝半寄生植物〟と呼ぶこともあるのはそのためだ。

そうはいっても、寄生された木はたまったものではない。時間とともに樹冠のヤドリギが増えていくからだ。広葉樹の場合、冬に観察すればどの木が寄生されているのかがよくわかる。寄生するヤドリギが増えすぎると、その木にとっては脅威となる。つねに水分が吸われるだけでも健康が衰えるのに、そのうえ光まで奪われてしまう。それだけではない。ヤドリギの根のせいで、枝の強度が下がり、結果として数年後には枝が折れ、樹冠が小さくなる。最終的に、その木が死んでしまうことも珍しくない。

樹木に寄生しても、ヤドリギほど悪影響のない植物も存在する。苔だ。苔の多くは根をもたないので、仮根という器官を使って樹皮に付着する。光をほとんど浴びない。地面から水分や養分を吸収することもできない。木の内部に根を張ることもしない。それなのに、どうして苔は生きていけるのだろう？　極端な倹約家だからだ。苔は朝露や夜露、霧や雨を取り込んで蓄える。

ただし、それで充分な水が確保できるとはかぎらない。特に、トウヒなどの針葉樹林は傘のように開いて雨水を幹に寄せつけないからだ。一方、広葉樹は葉に降り注いだ雨水をうまく誘導して根に届けようとするので、苔にとっては好都合だ。雨水が幹を伝って流れてくるのだから。そうはいっても、均等に水が流れるわけではない。どの木もそれぞれ少し傾いているので、流れやすい場所とそうでない場所がある。緩やかなカーブの上側に小さな流れができやすいので、苔はそうした場所を好む。

ところで、苔の生え方を見れば、だいたいの方角がわかるという説があるが、これは信用できない。雨が幹に降りかかってくる方角に苔が生えるから、というのがその理屈なのだが、森の端で風はブロックされて弱まるので、森林の中央近くではそもそも風が吹かない。そのためほとんどの場合、雨は真上から降ってくる。それに木々はそれぞれ違った方向に曲がっているので、苔もつき方がそれぞれ違っている。

樹皮のしわが多い木の場合、水分がその隙間に長時間とどまる。このしわは地上近くで始まり、木が年をとるにつれて上のほうにまで広がっていく。そのため、苔も若い木の場合は地上近くにしか生えないが、古い木ではまるでハイソックスのように幹の下半分を覆いつくしていることもある。

それでも木の健康に悪影響が出ることはない。苔が奪う水分はわずかしかなく、その水分ですら結果として苔から空気中に放たれ、森の空気を湿らせる役に立っているのだから。

では、栄養のほうはどうなのだろう？　地面から養分を吸収できない苔に残された手段は空気しかない。森を舞う空気には、一年を通してたくさんの塵が含まれている。木は、集めた雨水といっしょに合計で一〇〇キロ以上もの塵を流すそうだ。苔はこの塵まじりの水から必要な養分を取り出して利用しているのだ。

こうして、養分の摂取のしかたもわかったので、残る疑問は光だけだ。比較的明るいマツ林やナラ林なら問題ないが、つねに鬱蒼としているトウヒ林は話が別だ。ここはかなりの倹約家であっても生きるのが厳しい環境だ。特に若い木が多いトウヒ林では、苔がほとんど見られないこともある。年老いた木が多い林では、ときどき木が倒れて光が差し込むため、苔も繁殖できる。古いブナ林のような広葉樹林では、苔は春や秋の葉がない期間をその活動に利用している。

夏は葉が茂って暗くなるので、苔は断食をせざるをえない。ときには数カ月も雨が降らないこともある。そんなとき、苔の絨毯に触れてみよう。からからに乾燥していることだろう。普通の植物ならとっくに枯れているはずだ。だが、苔は違う。次にたっぷりと雨が降ったら、水をたらふく吸い込んで、ふたたび息を吹き返すのだ。

苔よりもさらに質素な生活をするのが地衣類だ。この灰緑色の生き物は菌類と藻類が共生している。何かにしがみつかないと生きていけない彼らが選んだ場所が、樹木だ。苔と違って、地衣類は幹の高い部分にまで登る。もともと生長がきわめてゆっくりしているにもかかわらず、樹冠の真下ではさらにその速度が遅くなる。数年かけて、黴のような姿で幹の上にじわじわと繁殖するので、木が病気になったと勘違いする人も多い。だが、心配はいらない。地衣類は樹木に害を加えず、樹木も地衣類の存在をまったく気にとめない。

生長が遅いわりに、地衣類はとても長生きする。数百年生きられる地衣類は、長生きの原生林にうってつけの生き物といえるだろう。

## ストリートチルドレン

ヨーロッパではセコイアの木があまり高く育たないことをご存じだろうか？　樹齢一五〇年以上のものでも、五〇メートルの高さを超えたものはまだ見つかっていない。故郷の北米西海岸では一〇〇メートルを超えるものも珍しくないのに、どうしてヨーロッパでは大きくならないのだろうか？　樹木の生長はとてもゆっくりしているので、ヨーロッパのセコイアはまだどれも子どもではないのか、と考えることもできるだろう。その考えが正しくないことは、木の直径を見ればわかる。人間の胸のあたりの高さで直径が二・五メートルを超えるのが大半だ。つまり、ヨーロッパのセコイアもきちんと生長しているのだ。背を伸ばすことよりも太ることに生長のエネルギーを多く費やしているといえるだろう。

どうしてそうなったのか、その手がかりの一つは環境にある。ヨーロッパのセコイアは、珍しい戦利品や記念品として侯爵や政治家が地元にもちかえり、街中(まちなか)の公園などに植えたものが大半だ。そういう場所は森ではないので、親戚から遠く離れて孤立することになる。セコイアの樹齢は数千年と言われている。それに比べればヨーロッパの一五〇歳は実際にまだ子どもだ。彼らは幼少期を故郷から遠く離れて、しかも両親なしで生きていかなければならなかった。おじさんもおばさんもいない、友だちと過ごす幼稚園もない。一人きりだ。

では、ほかの木との関係はどうなのだろうか？　公園にあるほかの種類の木が育ての親になってくれないのだろうか？　多くの場合、公園の木は同じ時期に植えられるため、セコイアの幼木をサポートする保護者になる木はいない。それに、そもそも種類が違いすぎる。ボダイジュやナラやムラサキブナがセコイアを育てるのは、動物にたとえればネズミやカンガルーやザトウクジラが人間の赤ん坊を育てるようなものなので、うまくいくはずがない。

だから北米出身のセコイアは一人ぼっちで生きていくしかないのだ。お乳をくれたり、誤った方向に生長したら注意してくれたりする母親はいない。穏やかで湿った森林に囲まれてもいない。あるのは孤独だけだ。

それに加えて、ほとんどの公園では土壌が樹木の生長にまったく適していない。森林の土はつねに湿っていて柔らかく、腐植土に富んでいて根を張るのも簡単だが、人間がつくった街の公園の土は硬くてやせている。木に触れたり、木陰で休んだりするために人間もたくさん近づいてくる。そんなことが何十年も続けば、根元の土はさらに踏み固められてしまう。そのため、雨が降っても土壌が水分を含みにくくなり、夏のあいだに冬を過ごすための栄養をつくることができない。

それに植樹という作業自体が、木の生長に対して生涯にわたり影響しつづける。幼木をほかの土地に移すための準備には数年かかる。いよいよ移動というときに掘り起こしやすくするために、毎年秋になると苗床のなかの根を短く切りそろえなければならない。

高さ三メートルの幼木の場合、自然のなかでは根の広がりが直径六メートルほどになるが、これを五〇センチ程度にまで小さくする。小さい根でも乾燥して枯れてしまわないように、枝も短く刈り込まれる。木の健康のためではなく、ただ輸送を容易にするためだけにそうされる。そして根の先端にある脳に似た大切な組織も、このときにいっしょに切り落とされてしまうのだ！　そのせいで方向感覚を失うのだろうか。木は根を地中深くに伸ばさず、横方向にばかり広げるようになる。だから水分と養分を充分に集められなくなる。

若いうちはそれでも問題ない。日光をさえぎるものがないのだから、好きなだけ光合成をして糖分をどんどん蓄える。栄養を分け与えてくれる母親がいなくても平気だ。固い土壌は水分が少ないのが悩みだが、乾燥したら公園職員が水をまいてくれる。そしてなにより、がみがみと口やかましい保護者がいないので自由なのだ！　少し誤った方向に育とうとしたら「もっとゆっくり」とか「あと二〇〇年ほど待ちなさい」と言って、光をさえぎってしまう親木もそこにはいない。

若木たちはやりたいほうだい。まるで見えないライバルと競争するかのように、毎年どんどん背を伸ばす。だが、ある時期を境に自由な子ども時代は終わりを告げる。二〇メートルの高さの木を潤すには、ものすごい量の水と時間が必要になる。たった一本の木のために、数立方メートルの水をホースでまかなければならないのだ。そうして、やがて人間による散水も中止される。

初めのうち、セコイアはそのことに気づかない。それまで贅沢三昧（ぜいたくざんまい）な暮らしをしていたおかげで、幹はまるまると太っている。内側の細胞はとても大きく、空気をたくさん含んでいるので、菌類の攻撃には弱いのだが、若いうちはそれもたいした問題ではない。側枝（そくし）も伸ばしほうだい。幹の低い部分は枝を出さない、出すとしても細い枝だけ、というう森林のルールでさえ、公園では無視される。地面にまで日光が降り注ぐので、セコイアは低い部分でも太い枝を広げる。まるでドーピングしたボディビルダーのようだ。普通は、市民の視界をさえぎってしまう地上二メートルから三メートルまでの枝は公園職員が切り落とすのだが、それでも地上二〇メートル、ときには五〇メートルあたりから太い枝が生える原生林のセコイアと比べれば大きな違いだ。

結果的に短くて太い幹に大きな樹冠がのっているような姿になり、場合によっては、樹冠しかないようにも見えるほどだ。踏み固められた土壌に育つそうした木は、根が五〇センチ前後の深さにしか伸びないので不安定になる。自然の森のなかで育つなら傾いてしまうだろう。それほど危険なことだ。ところが、公園に生えるセコイアは重心がとても低くなっているので、強風が吹いても簡単にはバランスを崩さず、立ちつづけることができる。

一〇〇年を過ぎたころ（木にとっては学校に通いはじめる年ごろ）から、悩みのない生活に終わりが訪れる。幹の先端が枯れて、それ以上生長できなくなるのだ。本来備わる菌類への抵抗力のおかげで、セコイアは枝の伐採（ばっさい）で樹皮に傷ができても、さらに何十年も生きつづけられる。

しかし、ほかの樹種ではそうはいかない。たとえばブナは、太い枝を切るごとに弱っていく。今度公園に行ったとき、よく見ていただきたい。ほとんどの木が、樹冠の形を整えるために刈り込まれていたり、太い枝を切り落とされていたりするはずだ。見た目をきれいにする——たとえば並木道の木の形をそろえる——ためだけに、こうした〝手入れ〟(実際には暴力)が行なわれている。

そもそも枝を切ることは、根にまで悪い影響を及ぼす。普通、根は樹冠の大きさに見合った範囲に広がる。ところが、多くの枝が切られると、光合成の量も減り、地中の根の大部分が餓死してしまう。こうして死んだ部分と、枝を切り落として開いた傷口から菌類が侵入する。そういう木の木質は空気を多く含んでいるので、菌類にとっては繁殖のしやすい場所になる。数十年といった(樹木にとっては)短い期間で内側に腐敗が広がり、それが外からも見えるほどになる。

枝の多くが活動をやめるのだが、これが落ちて下を行く市民にけがをさせてはいけないので、職員が傷んだ枝を切り落とす。そうしてできた傷口にはワックスを塗るが、それが内部の腐敗をさらに早めてしまう。ワックスのせいで水分が閉じ込められ、乾燥しないからだ。つまり、菌類が好む湿度が保たれてしまうのだ。

最後に残るのは胴体だけだ。これもある日伐採される運命にある。まわりに家族がいないため、この切り株もまもなく朽ちてしまう。そして、そこに新しい木が植えられる。こうして同じことが繰り返される。

街中の木は、森を離れて身寄りを失った木だ。多くは道路沿いに立つ、まさに〝ストリートチルドレン〟といえる。道路沿いに立つ彼らは、公園にいる仲間たちと同じように、人間による手厚い保護を受けてかわいがられながら生長する。ときには近くを通る水道管から直接水を拝借することもある。ところが、根がある程度広がったら、大きな壁に突き当たる。道路や歩道の下の土壌は、アスファルトを敷くために公園などよりもはるかに強く固められているからだ。

本来、森林に生息する樹木は根をあまり深く伸ばさない。深さ五〇センチに届くものはわずかだ。森林のなかではそれでもかまわない。いくらでも広く根を張ることができるのだから。ところが、道路沿いではそうはいかない。車道側では車道の始まる部分が生長の限界となり、歩道側では水道やガスのパイプライン、あるいは住宅を建てるために特にしっかりと固められた土壌を越えることはできない。地下でさまざまな衝突が起こるのも当然のことなのだ。

プラタナスやカエデやボダイジュの根は、地下の下水管に入り込むことがある。大雨が降ったあとに道路が水没した場合、原因は木の根が下水管の水の流れを悪くしていることにある。専門家が根を調査して、どの木が真犯人かを突き止める。見つかった犯人に言い渡される判決はいつも〝死刑〟だ。その木は伐採され、次に植える木が同じ罪を犯さないように、下水管の手前に遮断壁が埋め込まれる。

そもそも、どうして木の根は下水管に入るのだろうか？　都市開発の専門家はこれまでずっと、パイプの接続部から染み出す水分や下水のなかに含まれる養分が樹木の根を引き寄せるのだろうと考えていた。

ところが、ボーフムのルール大学が行なった大がかりな調査で、予想とはまったく違った結果が得られた。下水管に入った根は水面の上を走り、流れる水や栄養には手を出さなかったのだ。根が求めていたのは、工事のときに不注意からあまりしっかりと固められなかった土だった。そういう場所のほうが、呼吸がしやすく、生長するスペースもあるからだ。たまたまその先に下水管が横たわっていて、パイプのつなぎ目に隙間があったので、そこからなかに入って生長を続けたのだ。[45] 結局のところ、コンクリートのように硬い土に困り果てた樹木が、苦肉の策としてあまりしっかりと固まっていないパイプまわりの土壌に根を伸ばした、というのが真相だ。ただ、それが人間にとっては不都合だっただけだ。下水管に入られるのが困るなら、下水管を埋めた場所の土をしっかりと固めればいい。そうすれば、根が侵入してくることはない。夏に嵐が吹き荒れると、たくさんの街路樹が倒れるが、その理由はもうおわかりだろう。森のなかなら七〇〇平方メートルもの広がりを見せることもある根が、街のなかではその数パーセントほどの広さにしかなれないからだ。小さな根で全体重を支えなければならない。ときに耐えきれなくなるのも当然だろう。

樹木が我慢しなければならないのはそれだけではない。アスファルトやコンクリートが熱を蓄えるので、街の気候は森とは大きく違う。森では暑い夏の日も夜になれば涼しいが、街では道路や建物が熱を放射するので夜でも気温は高いままだ。もともと汚染物質を多く含む空気が、さらに乾燥までする。森では樹木をサポートしてくれる協力者——朽木を分解する小動物など——も街にはいない。水分や養分の受け渡しで根をサポートする菌類（菌根菌）もごくわずかしかいない。こんなに厳しい環境に囲まれているのに、街の木々は自分の力だけで生きていかなければならないのだ。

そのうえ、欲しくもない〝肥料〟も与えられる。特に迷惑なのは犬のおしっこだ。尿には樹皮を腐食させる働きがあり、根が腐ってしまう。

冬の寒い日、道路の凍結を防ぐために路面に岩塩を散布するが、この塩分も尿と同じような害を引き起こす。多いときには一平方メートルにつき一キロの塩がまかれるそうだ。この塩は車のタイヤによって水といっしょに空中に舞い上がるので、冬にも落ちない針葉樹の葉に付着する。まかれた塩分の一割ほどが空中を舞い、木々を傷める原因になると考えられている。針葉に黄色や茶色の斑点があれば、塩分による被害があった証拠だ。次の夏、その木は光合成をする能力が低下し、結果的にその木全体が弱ってしまう。

この弱みにつけ込むのが寄生虫だ。抵抗力の落ちた街路樹にカイガラムシやアブラムシが集まってくる。都市部の暖かい空気も彼らにとっては好都合だ。暑い夏と暖かい冬はけっして繁殖の妨げにはならない。市民の生活を脅かしている存在として、最近よくニュースになるのがナラに発生するギョウレツガという蛾の一種だが、この蛾は毛虫が樹冠の葉を食べたあとに長い行列をつくって幹を下ることから、そう呼ばれている。

ギョウレツガの毛虫は密閉された繭のなかに閉じこもって、外敵から身を守りながら成長する。その毛虫に触れると折れた毛が皮膚に刺さり、激しいかゆみや腫れ、ひどいときには強いアレルギー反応を引き起こす。脱皮のときに繭に引っかかって抜けた毛ですら、一〇年間は威力を発揮するといわれている。街でこの害虫が発生するとその夏は外出するのもいやになる。

だが、彼らが悪いのではない。そもそも、ギョウレツガは自然界にそれほど多く存在しない。今となってはうっとうしい存在の彼らも、数十年前まで絶滅危惧種に指定されていた。この害虫が大量発生したという記録は二〇〇年以上前から定期的に残されている。ドイツ連邦自然保護庁は、大量発生の原因は気候変動や温暖化ではなく、彼らの好

む餌と環境が増えたことにあるとしている。(46)

ギョウレツガは日当たりがよくて暖かいナラの樹冠を特に好む。森のなかにそういった場所はあまりない。ナラはブナに囲まれて立っていることが多いので、光が豊富に当たるのは樹冠のいちばん上の部分だけだ。街ではナラが広い空間に立ち、一日中暖かい光を浴びている。これには毛虫たちも大喜びだ。自分たちにとって最適の場所とばかりに、そこで大量に繁殖する。これも、ナラやほかの樹木が道路沿いやビルのあいだではつらい暮らしを強いられていることの証拠ではないだろうか。

生活環境があまりにも厳しいので、街の樹木のほとんどは長生きできない。若いころに自由な生活を送れるのはけっして幸せなことではないのだ。ただし、美しい樹皮がまだらにはがれるという特性をもつプラタナスの並木道のように、たいていは同じ種類の木が並木として横並びに植えられるので、少なくとも多くの街路樹にとっては仲間と会話する機会は残されているようだ。ストリートチルドレンたちは芳香物質を使ってどんな会話をしているのだろう？　自分たちの不幸を嘆いているのだろうか？　私たちには知るよしもない。

# 燃え尽き症候群

ストリートチルドレンは森林の家庭的な雰囲気を知らずに育つ。いわば囚(とら)われの身であり、我慢するしかない。一方で、森林社会の快適さに自ら背を向けて、一人で旅に出る樹木も存在する。家族からできるだけ遠く離れて生きることを好む〝先駆種〟と呼ばれる樹木のことだ。そういう木は種子が遠くまで飛べるという旅の手段をもっている。とても小さい種子が綿に包まれていたり羽根がついていたりするので、強い風が吹けば数キロ先まで飛ぶこともある。森の外に出て新しい生活空間を開拓するために。

広範囲の地すべり跡、火山の噴火でできた火山灰を多く含む荒れ地、山火事の跡地……と大きな木さえ生えていなければどんな場所でもかまわないのだが、それには理由がある。先駆種は陰が大嫌いなのだ。何かの陰にいると生長する気がなくなるのだ。先駆種たちは太陽の光を賭けた競争を繰り広げる。その競争では生長スピードが遅いものに勝ち目はない。

代表例はヤマナラシなどを含むポプラ属だが、シラカバやバッコヤナギも先駆種に数えられる。ブナやモミでは一年の生長をミリ単位で数えるが、先駆種の場合、一メートルを超えることもまれではない。その結果、かつて荒れ地だった場所に一〇年ほどで風に葉を揺らす若い森ができあがる。そのころには樹木も花を咲かせるようになり、次なる目的地をめざして種を飛ばす。そうやって、まわりにある未開拓の土地を占有していく。

しかし、未開拓の土地は草食動物にとっても魅力的な場所だ。なぜなら、樹木だけでなく、森では肩身の狭い思いをしている草や芝生もそういう場所を利用しようとするからだ。そういった植物を求めて、シカなどの草食動物が——昔は野生のウマやオーロックス（ウシの祖先）、ヨーロッパバイソンも——集まってくる。

草は食べられることを前提に進化してきたので、ついでに自分たちにとって強力なライバルとなる幼木も食べてくれる草食動物を歓迎する。草よりも大きな灌木の多くは動物を撃退するために鋭い棘をもっている。スピノサスモモ（ブラックソーン）という植物の棘はとても硬くて鋭く、数年前に枯れたものでもゴム長靴や車のタイヤにも突き刺さるほどで、動物の皮膚やひづめなどはひとたまりもない。

一方、樹木の先駆種は違う方法で自分を守ろうとする。生長が速いのは縦方向だけではなく、幹もかなりのスピードで太くなり、厚くて粗い樹皮で身を包む。シラカバの場合、白くてなめらかな樹皮が裂け、黒いかさぶたのようなものができる。それがとても硬いために、草食動物ではとても歯が立たない。樹脂（油分）を多く含むのでおいしくもないようだ。シラカバの樹皮は油分のおかげではがしたばかりでもよく燃えるため、たき火などにも好んで利用される（でも、木を傷つけないように、樹皮のいちばん外側の層だけをはがす必要がある）。

シラカバの樹皮にはもう一つ秘密が隠されている。大部分がベツリンという物質でできていて、これがシラカバ独特の白い色の原因となっている。白は光を反射する。つまり、この色が幹を日焼けから守っているのだ。また、冬に直接暖かい日光が当たると、幹の温度が上がりすぎて膨張して最後は裂けるおそれがあるが、色が白いおかげで温度の上昇も抑えられる。シラカバは広い土地に孤立していることが多いので、ほかの木の陰に隠れて日光を避けることができない。だからこそ、こうした手段が必要だったのだろう。

ベツリンには色を白くする以外にもウイルスとバクテリアの繁殖を防ぐ効果もあり、

すでに医療やスキンケアにも利用されている。[47] しかし、本当の驚きはその量だ。なにしろ、全身を覆う樹皮の大部分が防御物質でできているのだ。これ以上の用心はありえない。生長と防御のバランスをとるのではなく、防御のためにできるかぎりのエネルギーを惜しみなく費やしている、そんな感じだ。

　では、ほかの樹木はどうしてそうしないのだろうか？　シラカバのように最初から外敵の侵入をまったく許さない手段を、ほかの樹木ももてばいいのではないだろうか？　いや、森林で社会的な生活を営む樹種にそのような手段は必要ない。彼らには危険を教えてくれたり、病気をしたときに力を貸してくれたりする共同体の仲間がいる。そのため、自己防衛にまわすエネルギーを節約して、それを木質や葉や果実に使うのだ。

　孤独に生きるシラカバは、自分のことは自分で守るしかない。しかし、そんなシラカバでも体は大きくなり、繁殖もする。背が伸びるスピードは、森の木々よりも速いくらいだ。そのエネルギーはいったいどこからきているのだろう？　ほかの樹木よりも光合成が上手なのだろうか？　そんなことはない。答えはシラカバの〝生き急ぐ〟性格にある。シラカバはあとのことを考えずにもてるエネルギーのすべてを使いながら生きて、最後は力尽きてしまう。

　その結果どうなるのか……その前に、ここで同じようにあわただしい一生を送るほかの樹木を紹介させていただきたい。ヤマナラシのことだ。少しの風でも揺れて葉を鳴らすことからこの名前がついた。不安で震えることをドイツ語では〝ヤマナラシのように震える〟と言ったりするが、もちろんこの木は不安におびえているわけではない。特殊な枝についた葉が風にはためくと、表と裏の両面に日光が当たる。おかげで、ほかの樹種では葉の裏面は呼吸のためだけに使われるのに対して、ヤマナラシは葉の両面で光合成ができる。こうして、ヤマナラシはほかの木よりも多くのエネルギーをつくり、シラカバよりも早く生長できる。

外敵に対しては、シラカバとはまったく違った手段で対抗する。忍耐強さと生長する量だ。何年もシカやウシに食べられつづけても、根はゆっくりと広がることをやめず、そこからいくつもの芽を出して、月日がたつにつれ立派な茂みをつくるのだ。このようにして、一本の木が数百平方メートル以上の範囲に広がることもある。場合によっては、さらに拡大する。アメリカ・ユタ州のフィッシュレイク国立森林公園では、ヤマナラシの一つの個体が数千年をかけて四〇万平方メートルを超える範囲に広がり、四万本以上の幹を生やした例が見つかっている。

大きな森のように見えるこの個体は〝パンド（「広がる」を意味するラテン語の「パンデレ」から）〟と名付けられた。[48] 規模ははるかに小さくなるが、ドイツの森や平野にも同じようなものが観察されている。茂みが動物を通さないほど生えそろえば、幹は上に向かって生長しはじめ、二〇年以内に背の高い木になる。

このような急速な生長には犠牲がともなう。生まれて三〇年を超えたあたりから、疲労が始まり、先駆種の生命力のシンボルともいえる樹冠の芽の数が減りはじめるのだ。本来、それ自体は特に大きな問題ではないはずだが、ポプラやシラカバやバッコヤナギにとっては大惨事だ。樹冠の葉がまばらになると地面に届く光の量が増えるので、先駆種のあとからその地にやってきた樹木——カエデやブナやシデやモミ——が急な生長を始めてしまう。

幼少のころ、彼らは薄暗い場所でゆっくりと大きくなる。先駆種の木陰は、カエデやブナの幼木の生長にとって、まさに好都合な場所だった。ところが、先駆種の樹冠の葉がまばらになると、そこに光が差し込む。これは先駆種にとっては死刑の宣告を意味する。そこからの生長競争で、先駆種に勝ち目はない。あとからやってきた樹木が光を浴びて足元で着実に生長し、二〇年から三〇年後には先駆種を身長で追い抜いてしまう。先駆種のほうは完全に力尽き、最高でも二五メートルほどの高さで生長が止まる。まるで燃え尽き症候群だ。

一方で、ブナなどの一生はまだ始まったばかりで、先駆種の樹冠を抜けてさらに背を伸ばす。それらが樹冠を広げて光をさえぎると、シラカバやポプラには充分な光が当たらなくなる。それでも、まだあきらめるわけにはいかない。特にシラカバは、厄介なライバルを相手に少なくともあと数年は闘いつづけられるようにある作戦を立てた。

風の力を借りて、自分の細くて長い枝を鞭のようにしならせるのだ。そのせいでほかの樹木は樹冠が傷つき、葉と芽が落とされてしまい、少なくとも一時的に生長の速度が鈍るのだが、最後はやはり先駆種を完全に追い抜き、そのあとは正常な生長を遂げる。最後の手段も使い果たした先駆種は数年後には死んでしまい、土に還っていく。

たとえあとからやってくるライバルがいなくても、先駆種の寿命は長くない。生長力の低下にともない、菌類に対する抵抗力も弱まるからだ。太い枝が折れると、そこが格好の進入口となる。木質の細胞は大きくて空気をたくさん含んでいるため、菌が繁殖しやすくなっているうえに、孤立している先駆種は支えてくれる仲間がいないので、幹が大きく腐食すると、嵐に襲われたときに倒れてしまう。とはいえ〝種〟という観点から見た場合、それは悲しいことではない。できるだけ短い時間で生長して子孫を残すという目的は達成できたのだから。

# 北へ！

木は歩けない。誰もが知っていることだ。それなのに移動する必要はある。では、歩かずに移動するにはどうしたらいいのだろうか？　その答えは世代交代にある。どの木も、苗の時代に根を張った場所に一生居座りつづけなければならない。しかし繁殖をし、生まれたばかりの赤ん坊、つまり種子の期間だけ、樹木は移動ができるのだ。親の木を離れた瞬間に種子の旅が始まる。その多くは出発をとても急いでいるようだ。

種子は細かい毛を身にまとい、最初の風が吹いたときにすぐに飛び立っていく。この方法で移動する樹種の種子はとても小さく、しかも軽くなければならない。たとえばポプラやヤナギの種子は、何キロも飛ぶことができる。遠くまで移動できるという強みの裏には、最小限の養分しか身につけていないという弱点もある。そのため、発芽した苗はすぐに自分の力で外から養分を吸収しなければならず、栄養不足や乾燥などの影響を受けやすくなっている。

ポプラやヤナギに比べると、シラカバ、カエデ、シデ、トネリコ、あるいは針葉樹の種子は少し重い。毛では飛べないほどの重さなので、これらの樹木は種子に翼のような飛行補助をもたせる道を選んだ。つまり、針葉樹をはじめとする多くの樹種では、落下スピードを遅くするために回転体（ローター）で種子を包んでいるのだ。おかげで、強風さえ吹けば、二キロから三キロほど先まで飛ぶことができる。重い実をつけるナラやクリ、あるいはブナにはけっしてたどり着けない距離だ。

重い種子は自力で遠くに行くのをあきらめ、動物の力を借りる。ネズミやリス、カケスなどは脂肪とデンプン質に富む種子が大好きだ。冬に備えるために種子をたくさん集めて、森の地中に隠す習性がある。ところが、隠した種子の多くが忘れられたり、不要になったりする。種子を食べるはずだったネズミをフクロウが食べてしまうこともあるだろう。意図したものではないとはいえ、ネズミは樹木の繁殖に手を貸している。

ネズミは多くの場合、大きなブナの木の根元に集めた種子を埋めておく。そして自分は根と根の隙間（すきま）にできた小さな洞穴に巣をつくる。穴の前に中身のないブナの実の皮が積み重なっていれば、その穴には住人がいる証拠だ。そして、そこから数メートルの範囲内の地中に種子の保管場所があるはずだ。だが、そのネズミが死んでしまえば、次の春には保管されていた種子が発芽する。

重量級の種子がもっとも遠くに運ばれるのは、カケスなどの鳥の力を借りたときだ。カケスはドングリのような実を数キロ先まで運んでくれる。リスは数百メートル、ネズミは最高でも一〇メートルほどしか運ばない。つまり、重い種子をもつ樹種が一度の繁殖で移動する距離はごくわずかでしかない。そのかわり、種子にはたっぷり養分が含まれているので、発芽した苗はその養分だけで一年ほど生き延びることができる。

つまり、こういうことだ。火山が噴火したりして、環境が大きく変わり、すべてが振り出しに戻ったとしよう。その新しい土地に最初にやってくるのはポプラやヤナギだ。だが、ポプラやヤナギはたいして長生きできず、密な樹冠をつくることもないので、たくさんの光が地面に届く。そのため、遅れて到着する樹種もそこに定着することができる。

しかし、そもそもどうして樹木は移動するのだろう？　慣れ親しんだ心地よい森にとどまるのは都合が悪いのだろうか？　新しい生活場所を探すのは、気候がつねに変動を続けるからだ。数百年あるいはそれ以上という長い時間がかかるが、それでも着実に気候は変わりつづけ、いつの日かその樹木にとって暑すぎたり、寒すぎたり、乾燥しすぎていたり、湿度が高すぎたりするようになる。そうなったときには、ほかの種類の木にその場所を明け渡し、自分はほかの土地に移るしかない。

このような〝移動〟は、今まさにこの瞬間にも、森のなかで行なわれている。その理由は、最近なにかと話題になる地球の温暖化——平均気温が一度上昇したそうだ——だけにあるのではない。最後の氷河期から間氷期への移行も大きな要因となっているようだ。

樹木にとって、とりわけ影響が大きいのは氷河期だ。何世紀にもわたって気温が下がりつづけると、樹木はより南の土地へと移動せざるをえない。氷河期への移行がゆっくりと進行する場合、たくさんの世代を通じてこの移動を続けられるので、地中海沿岸の暖かい場所まで移住することもできるだろう。だが気温が急速に低下すると移動が間に合わず、南に行きそこねた樹種は寒さに飲み込まれてしまう。

例としてブナを挙げることができる。三〇〇万年前のヨーロッパには現存しているブナ（ヨーロッパブナ）のほかに、葉がもっと大きいブナも存在していた。ヨーロッパブナは氷河期が訪れたときに南ヨーロッパまで逃げることに成功したが、動きの遅かった大葉のブナは移住が間に合わずに死滅した。その原因の一端はアルプス山脈にある。アルプス山脈が南へ行こうとする樹木の前に高い壁となって立ちはだかったのだ。一気に飛び越えることはできないので、樹木は高い山のなかにいったん定着し、その後に反対側に下りていった。しかし、高い山の上は夏でも気温が低いので、多くの樹種にとってはそこが墓場となったのだ。

現在、大葉のブナは北アメリカ大陸の東部にしか存在しない（アメリカブナ）。北アメリカ大陸にはアルプスのように東西に広がって道を閉ざす山脈がないので、生き延びることができたのだ。アメリカブナは無事に南にたどり着き、氷河期が終わったあとにふたたび北に生息地を広げた。

ヨーロッパブナを含むいくつかの樹木は、アルプスを越えて安全な場所を見つけ、現在の間氷期まで生き残ることに成功した。その少数派が、暖かくなるにつれ氷が溶けた土地、つまり北の大地をめざして何千年も前から今も前進を続けている。暖かくなり、苗が育って成木になる可能性が高くなったので、種を落として少しずつ北に移動することができるようになった。この旅の平均速度は一年で四〇〇メートルといわれている。

なかでもヨーロッパブナは特に足が遅いことで知られている。ブナの種子はナラとは違って、鳥に運ばれることがあまりないだけでなく、ほかの樹種の種子のように風に飛ばされて一気に遠くへ行くこともできない。そのため、およそ四〇〇〇年前にブナがヨーロッパの北部に戻ってきたとき、森はすでにナラやハシバミなどで占拠されていた。

だが、ブナはそんなことはおかまいなしだ。その理由はもうおわかりだろう。ブナにはわずかな光しか届かないほかの木の足元でもしっかりと芽を出し、生長する力があるからだ。ナラやハシバミが集めそこねた光を利用して着実に大きくなり、ある日その木の樹冠を突き抜ける高さにまで背を伸ばす。ここまでくれば、もう勝ったも同然。ブナは樹冠を広げ、自分の下にいるライバルたちから光を奪うのだ。

ブナの北上は、現在のところスウェーデン南部にまで達している。しかも、まだ終わったわけではない。あるいは、人間が手出しをしていなければまだ終わっていなかった、と言うべきだろうか。

ブナが戻ってきたとき、私たちの祖先は森林の生態系を大きくゆがめてしまった。畑をつくるために、自分たちが住む集落のまわりの木を切り倒した。家畜の飼育のために森を伐採(ばっさい)することもあった。それでも足りないとばかりに、ウシやブタといった家畜を森に放したりもした。

小さな姿のまま何百年もじっと木陰で我慢しているブナにとっては大惨事だったにちがいない。なにしろ、幹の先端にある芽(頂芽)が食べられてしまうのだ。本来は、そんな危険はあまりない。食べ物が少ない森林の奥に草食動物が入ってくることはめったにないからだ。動物に食べられないまま二〇〇歳になるのも難しいことではなかった——

―そう、人間がやってくるまでは。ところがある時期から人間が森に入ってきて、おなかをすかせた家畜に芽を食べさせるようになったのだ。ブナが切り倒された場所には、ほかの樹木が増えてしまった。こうして氷河期後のブナの北進は速度が弱まり、多くの地方で完全にストップしてしまったようだ。

最近の数世紀では、狩猟が始まり、その結果、奇妙なことにシカやイノシシの数が増えつつある。立派な角(つの)をもつ雄のシカを増やそうとした狩人たちが餌を与えたため、そうした動物の数が本来の五〇倍にも増えてしまったのだ。現在、世界でもっとも草食動物密度の高い地区はドイツ語圏であることが知られている。言い換えれば、そこは若いブナがもっとも生きづらい場所、ということだ。

林業もまた、ブナの生息地の拡大を阻害している。たとえばスウェーデンの南部では、本当ならブナが生息するはずの場所でトウヒやマツの植林が行なわれている。そのため、この地方でブナを目にすることはほとんどない。しかし、ブナはまだあきらめてはいないはずだ。人間がその土地に手出しするのをやめたらすぐに、ふたたび北上を開始するだろう。

移動の速度がもっとも遅いのは、ドイツに生息する唯一のモミ属であるヨーロッパモミだ。樹皮は特徴的な灰白色をしていて、そのおかげで簡単にトウヒ（赤茶色）と見分けがつく。ほかのほとんどの樹種と同様、ヨーロッパモミも氷河期を南ヨーロッパ（おそらくイタリアやバルカン半島やスペイン）で乗り越えた。[49] そこから一年におよそ三〇〇メートルの速度でゆっくりと北上してきたのだ。

トウヒやマツは種子がモミの種子より軽いので、はるかに速く移動することができた。重い実をつけるブナでさえ、鳥の力を借りてモミよりは速く北上できた。おそらく、ヨーロッパモミは作戦を間違えたのだろう。というのも、小さな帆のようなものがついているというのに種子はほとんど飛ぶことができず、鳥が運ぼうと思うほどの大きさもないからだ。

モミの種子を食べる鳥もいるが、あまり役に立っていない。たとえば、ハイマツの種子を好むホシガラスという鳥は、モミの種子も集めるが、ブナやナラの実を地面に埋めるカケスとは違って、種子を乾燥した地上の安全な場所に保管する。だから、万一最後まで食べられなかったとしても、そこでは水分が少なすぎて、種は芽を出せない。モミの生活もなかなか楽ではないようだ。ドイツに生きる樹種のほとんどがスカンジナビア半島にまで北上しているというのに、モミはようやくドイツ中北部のハルツ山地に到着したところだ。

しかし、樹木にとって数百年分の遅れなどたいした問題ではないのかもしれない。それに、モミには、ブナの下でも生長できるほど暗い陰を堪え忍ぶ能力がある。そのため、森がすでにほかの樹木で占められていても、そこにもぐり込んで立派な木に育つことができる。ただし、そんなモミにもアキレス腱ともいえる弱点がある。モミは、シカが大好きな味をしているのだ。シカがモミの幼木を食べてしまうので、多くの土地では北上がストップしてしまった。

ところで、中央ヨーロッパではなぜ、ブナはこれほど競争力が強いのだろうか？　見方を変えると、こう問うこともできるだろう——ほかのどんな樹種にも負けないほど強いのに、どうしてブナは世界中に広まっていないのか？　答えは簡単だ。ブナの強みは、大西洋の影響を受けるヨーロッパの現在の気候があってはじめて発揮されるのだ。（ブナの生息できない）高山を除き、ヨーロッパの気候はとても安定している。夏は涼しく、冬は暖かく、年間の降水量は五〇〇ミリから一五〇〇ミリメートル程度。これがブナの好む環境に一致している。森林の生長にとって、水はとても貴重な存在だが、その点においてブナはほかの樹木よりはるかに優れている。なにしろ一キロの木質(もくしつ)をつくるのに、一八〇〇リットルの水しか使わないのだ。

あなたはこの数字を多いと思うだろうか？　じつは、ほかのほとんどの木はその倍の三〇〇〇リットルぐらいを必要とする。できるだけ短い期間で大きくなってライバルを追い払うには、それぐらいの水がいるのだろう。気温が低くて湿度の高い北部地方——水不足には無縁の場所——を好むトウヒは、水を節約しようなどという考えを初めからもっていない。ところが、ヨーロッパの中部においては、水が豊富な場所は、樹木生育限界（標高がそれ以上高くなると樹木が生きていけない場所）に近い高山のなかにしかない。標高が高い場所では雨がたくさん降るうえに、気温が低いので水分がほとんど蒸発しないからだ。水を浪費してもいいのは、そんな場所に限られる。

それ以外の場所、つまり低地では、乾燥した年でも少ない水分でしっかり生長できるブナのほうに分がある。ブナは、ほかの木が水不足で苦しんでいるあいだに、背を伸ばし、頭一つ抜き出ることができるからだ。ブナの陰に入ったライバルの子どもたちが力を失うのを尻目に、ブナの子どもたちは着実に育っていく。さらに、日光のほとんどを独り占めにする能力や、湿った環境と腐植質の土壌を自分でつくる力や、枝葉を使って雨水を集める習性などが加わり、ブナは今のところ無敵の勝者として君臨している。

ただし、それは中央ヨーロッパに限った話だ。大陸性の気候が支配する地域では、ブナはつらい思いをしている。つねに乾燥している暑い夏、凍てつく冬。そうした環境がブナには耐えられないので、その王座をナラなどのほかの樹木に譲り渡すことになる。たとえば、東ヨーロッパがそうだ。スカンジナビア半島の気候も、夏はまだしも冬はブナにとって寒すぎ、日差しの強い南ヨーロッパでも、ブナはあまり暑くならない高地でしか生きていけない。言い換えれば、ブナは自分自身の適性のせいで中央ヨーロッパでの生活に囚（とら）われているのだ。ただし、このまま温暖化が進めば北のほうが暖かくなり、ブナの棲（す）みやすい環境に変わるかもしれない。かわりに、南のほうはさらに暑くなって、ブナの棲める場所はなくなってしまうだろう。

# 進化

樹木はどうして長生きなのか？　草花のように、暖かい時期に生長し、花を咲かせて種をつくり、それが終われば枯れて土に還る、という生き方を選んでもよかったのではないか？

草花のような生き方には一つの大きな利点がある。世代交代ごとに遺伝的に変化する、つまり突然変異する機会が訪れることだ。環境が変わりつづけるなか、確実に生き延びるには突然変異による適応が欠かせない。突然変異がもっとも起こりやすいのは交配や受精の瞬間だ。ネズミは数週間に一度は繁殖し、ハエにいたってはさらに頻繁に子孫を残す。繁殖のたびに遺伝子に何らかの異変が起こり、運がよければそれが優れた特徴として役に立つ。

これがいわゆる〝進化〟だ。進化のおかげで、変わりつづける生活環境にも適応できる。つまり生き残ることができるのだ。世代交代の間隔が短ければ短いほど、適応のスピードも速くなる。適応の大切さに疑いをもつ学者はいない。

それなのに、樹木はそんなことにはおかまいなしだ。何百年も、ときには何千年も生きつづける。もちろん、少なくとも五年に一度は繁殖をするが、これは本当の意味での世代交代ではない。なぜなら、一本の木が何百、何千と子をつくったところで、その子のために生きる場所を譲り渡さないのだから。すでに何度も説明したように、母親が光の大半を奪いつづけるかぎり、子どもたちにはひもじい生活が強いられる。たとえ変異によって子どもたちに新しい特性が備わったとしても、彼らが生長してその遺伝子を次の世代に譲り渡せるようになるまで数百年も待たなければならないのだ。これではあまりに時間がかかりすぎる。ほかの生き物ならとても耐えられない長さだ。

気候の歴史を振り返ると、これまでに何度も大きな変化があったことがわかる。チューリッヒの工事現場でこんなことがあった。作業員が比較的新しく見える切り株を見つけた。作業員たちはそれを掘り起こし、工事現場のかたわらに放置した。それをたまたまある研究者が見つけ、樹齢を調べてみた。その結果、それはマツの木の切り株で、およそ一万四〇〇〇年前にそこに立っていたものだとわかったのだ。

これだけでも充分に驚きに値するが、本当の驚きは当時の気温の変化だ。わずか三〇年という短期間に気温が六度も低下し、そして同じぐらいの期間でまた上昇していたのだ。私たちが生きる今世紀も、最悪の場合、世紀末までに同じぐらいの気温の変化があるかもしれないと考えられている。前世紀も、凍てつく四〇年代、七〇年代の記録的乾燥、九〇年代の高温、と自然界にとってはとても厳しい時期だった。このような激しい環境の変化を樹木は堪え忍ぶことができるのだ。

その理由は二つある。まず、彼らには優れた気候耐性が備わっていること。たとえばヨーロッパのブナは、南はシチリア、北はスウェーデン南部にまで分布している。名前が〝S〟で始まること以外、まったく共通するものがない、と言ってもいいほど異なる環境だ。シラカバやマツ、ナラも幅広い気候に対応できるが、それでもすべての環境条件に耐えられるとは思えない。なぜなら、気温や降水量の変化にしたがって、動物や菌類も南や北へ移動するからだ。つまり、樹木は見ず知らずの寄生生物にさらされることになる。許容範囲を超える気温の変化が起こることもあるだろう。しかし、足がない樹木は自分で歩くことができず、ほかの生き物に頼んで棲みやすい場所に運んでもらうこともできない。その場所でじっと耐え、変化した環境に適応するしかないのだ。

適応の最初のチャンスは子づくりの段階で訪れる。受精した花は身のまわりの環境に合わせて種子を実らせる。気候がとても暖かくて乾燥しているなら、それに適した遺伝子を活性化させせなければならない。たとえばトウヒでは、そうした環境のときに発芽する苗はその前の世代のものよりも熱に強い特性をもっていることが確認されている。ただし、そのかわりに寒さに耐える能力を失うことも知られている。[50] 種子だけではない。成木も環境の移り変わりに対応できる。乾燥して水不足だった時期を乗り越えた樹木は、水を節約することを覚え、夏が始まってもすぐに地中の水分を吸いつくしたりしなくなる。広葉樹、針葉樹ともに水分がもっとも多く蒸発するのは葉からだ。樹木は、乾燥が始まり、水が不足しはじめたことに気づくと、葉を分厚くする。葉の上側を保護するワックス層が厚みを増し、外界に接する細胞が何層にも重なり合って水分が失われるのを防ぐのだ。そのかわり、呼吸が苦しくなってしまうという難点もあるが。

あらゆる手を尽くしてもまだ足りない場合には、遺伝子の出番となる。遺伝子の多様性が、樹木が環境の変化に強い二つめの理由だ。すでに述べたように、樹木の世代交代には非常に時間がかかる。そのため、環境の変化に即座に対応することはできない。だが、それでもかまわない。天然の森では、同じ種類の樹木でも遺伝子が大きく異なっている。

私たち人間の場合、遺伝子の違いはとても小さく、進化の観点から見た場合には人類全員が親戚だといえるほどだ。一方、ブナは同じ森にあるものでもそれぞれの遺伝情報には大きな差があることが知られている。まったく別の生き物と言いたくなるほどの違いだ。そのため、それぞれの木がそれぞれの特徴をもっている。寒さに弱くて乾燥に強い木、害虫に対する防御力の強い木、地面に水分が多くても平気な木。

だから環境が変わっても、その犠牲になるのは、一部の樹木だけだ。老木の何本かは死んでしまうかもしれないが、そのほかは生きつづける。環境が極端に変化すると、ある種の樹木の多くが死んでしまうこともあるだろう。しかし、それは必ずしも悲劇ではない。たいていの場合、繁殖をしたり、次の世代に陰を提供したりできるだけの数の個体が生き残るからだ。

私は科学的なデータを使って、私の森のブナの将来を占ってみたことがある。その結果、たとえ将来ヒュンメルが今のスペインのような気候になったとしても、ブナの大多数は問題なく生き残ることがわかった。ただし、伐採（ばっさい）などによって樹木社会が乱されないこと、森の気候を森自身に調節させることの二点が条件になる。

# 災害

森にも想定外の事態が起こることがある。数百年ものあいだ、大きな変化が起こらなかったほど安定していた生態系も、自然災害には勝てない。すでに述べたように、強風も災害の一つだ。

マツ林やトウヒ林を暴風が通り過ぎたあとに樹木の大半が倒れた場合、そこは人工的な植林地と考えていいだろう。植林された樹木は機械で固められて傷んだ土壌(どじょう)に立っているので、根を思うように広げられず、結果的に地面にはしっかりとつかまることができないからだ。それに中央ヨーロッパの針葉樹は、生まれ故郷の北ヨーロッパにあるものよりもはるかに大きく、冬も葉を失わない。そのため風が当たる面が広く、バランスを崩しやすい。だから、根が支えきれずに木が倒れてしまうのは当然の成り行きといえる。

しかし、天然の森林も少なくとも部分的には嵐の被害を受けることがある。わずか数秒のあいだに風向きが変わる竜巻が、特に大きな被害を引き起こす。ほとんどの場合、竜巻は強い雨をともなう。そのうえ、発生するのは葉の生い茂る夏のあいだと相場が決まっている。一〇月から三月ごろにかけていわば〝想定内の〟強風が吹いた場合、ブナなどは葉を失っているので風を通す。一方、六月や七月に激しい風が吹くことを樹木は想定していない。そんなときに竜巻が起これば、樹冠が風の渦に巻き込まれ、ものすごい力でねじられてしまう。あとに残るのは無残な姿になった幹だけだ。まるで、自然の厳しさを物語る記念碑のように。

とはいうものの、竜巻はめったに発生しないので、その対策のためだけに進化する必要はないと樹木は考えるのだろう。暴風雨との関連で、竜巻よりも頻繁に起こる被害は、強い雨のせいで樹冠の葉が落ちてしまうことだ。短時間に大量の雨が葉に降ると、木にとってはそうとうな重さになる。場合によっては、数トンを超えることもある。それほどの重さに耐える備えは広葉樹にはない。冬には葉は地面に落ちているので、雪は木の重荷とはならない。夏も、普通の雨ならどの木でも堪え忍ぶことができる。木が正常な姿をしているかぎり、かなりの強い雨にも負けない。

ただし、幹や枝が間違った形をしているときには問題が起こる。よく見られるのは、枝の形が正常でない木だ。普通、枝はアーチ形をしており、幹から少し上向きに生えて真ん中あたりで水平になり、先のほうで少し垂れ下がる。そういう形をしているからこそ、重圧がかかっても折れずにしなることができる。古い大木なら枝が一〇メートルを超えることもあるので、枝の付け根にはものすごい力が加わることになる。だからこそ、このアーチの仕組みはとても大切なのだ。

それなのに、枝の形にたいしてこだわらない木も多く、彼らは生やした枝を上に向かってカーブさせる。そんな形をした枝に上からの力が加われば、枝の下半分（カーブの外側）の繊維が縮んで上半分の繊維が伸びきり、しなることもできずに折れてしまう。ときには、幹そのものが誤った形をしていることもある。嵐がきたときに真っ先に折れるのがそうした木だ。結局のところ、理にかなった生長を遂げなかったものは自然によって淘汰される。

だが、しっかりと育った樹木にも支えきれないほどの重圧が上からかかることもある。たとえば、主に三月から四月にかけて降る雪だ。それまで軽い羽毛のようだった雪が、この時期にはヘビー級の重さに変わる。雪の大きさを見れば、樹木に危機が迫っているのがよくわかる。二ユーロ硬貨ほどの大きさ（直径およそ二五ミリ）にもなると、とても危険だ。これはいわゆる〝湿り雪〟で、水分をたくさん含んでいて粘りけがある。枝にまとわりついて下に落ちず、樹冠に積もって重くなる。

そのせいで、立派で大きな樹木でも枝がたくさん折れてしまう。若い樹木はもっと悲惨で、雪の塊がのしかかれば、生長期をじっと待つひ弱な彼らはあっさり折れてしまうか、二度と直立ができないほど曲がってしまう。逆に、もっと幼い木は被害を受けない。幹がまだ短すぎるからだ。次に森に入ったときには、少し注意して観察してみよう。中くらいの高さの木のなかに、腰の曲がった哀れな姿をしているものが見つかるはずだ。

雪と同じくらい危険で、（私たちにとって）雪よりもはるかにロマンチックなのが〝樹氷〟だ。樹氷を身にまとう木は、まるで砂糖細工のように美しい。霧が出るほどの湿度とマイナスの気温という二つの条件がそろうと、空気中の細かな水滴が枝葉にまとわりついて凍ってしまう。雪がひと粒も降らなくても、数時間で森全体が真っ白になる。

この気候が数日も続けば、数百キロにもなる氷が樹冠に集まる。そんなときに霧が晴れて日が差せば、すべての木がきらきらと輝き、まるでおとぎの国のようだ。だが、このとき、樹木はその重みに屈しようとしている。かわいそうなのは、もとから体にハンデを抱えている樹木だ。乾燥する途中で、発砲音のような轟音が森を駆け抜け、折れた樹冠が地面に落下する。

こうした気候は平均して一〇年に一度ぐらいの頻度で訪れる。一本の木が生涯で五〇回ぐらい経験するという計算になる。森の仲間が多い種ほど、危険度は低くなる。孤独に冷たい霧のなかに立つ樹木よりも、木が密に生えている森のなかにいて、仲間の支えを期待できるもののほうが被害も少なくてすむからだ。それに、森なら冷たい空気は主に樹冠の上を漂うので、樹氷が厚くなるのも木の先端部分だけになる。

　落雷も樹木にとっては脅威となる。ドイツには〝雷が鳴ったらナラを避けて、ブナを探せ〟ということわざがある。太いナラには、雷の跡が幹に深く刻まれているのがよく見つかるため、こんなふうに言われるようになった。ブナの木にそういう傷を見たことは一度もない。

　しかし、雷がブナに落ちることがないと考えるのは危険だ。ブナにもほかの木と同じぐらい頻繁に雷が落ちるので、けっして安全なわけではない。ブナに傷が残らない理由は、その幹のなめらかさにある。雷が鳴る日は雨も降る。幹がなめらかだと、雨水が全体を均一に包み込む。水は木質(もくしつ)よりも電気を通しやすい性質なので、雷の電気が木の表面を流れる。

　一方、ナラの幹はゴツゴツしている。雨水が一定に流れずに、小さな滝のようになって地面に落下する。そのため、雷の電流が分断され、行き場を失った電気が水の次に抵抗の少ない物質を探す。それが樹木の水分輸送を担当し、幹の外縁をなす湿った木質だ。雷の強いエネルギーが加わるとこの部分が裂け、何年たっても消えない傷跡となるのだ。

ヨーロッパにもたらされた北アメリカ産のダグラスファーの樹皮も同じような特徴をしている。加えて、根もとても敏感なようだ。雷の落ちた木だけでなく、そこから半径一五メートルの範囲にいる一〇本ほどの仲間たちも全員死んでしまっているのを、私自身、二回見つけたことがある。彼らはおそらく根を通じて地中で結びついていたのだろう。そのため、命を失うほど強力な電流を分け合ってしまったのだ。

雷の威力が特に強いときには、火災というさらなる災害の危険が高まる。私の地元でも、真夜中に落雷を原因とした火災が起き、消防車が出動したことがある。幹の中心部が空洞になっていた古いトウヒに雷が落ちて、その空洞に火がついたのだ。そのため、強い雨が降っていたにもかかわらず火は消えないまま燃えさかった。消防隊員のおかげですぐに鎮火したが、たとえ消防隊員が来なくても大事にはいたらなかったにちがいない。まわりの木々がどれもずぶ濡れだったので、火は広がらなかっただろう。

中央ヨーロッパの森林では、本来は火災が発生することはなかった。昔から自生していた広葉樹は、木質に樹脂や精油を含んでいないので、火がつかないからだ。そのため、彼らには熱に抵抗する仕組みや習性が備わっていない。熱に対処するための仕組みをもつ樹木は、ポルトガルやスペインのコルクガシに見ることができる。コルクガシは樹皮がとても厚く、火災の熱に包まれても内側は燃えずにふたたび芽を出すことができる。

中央ヨーロッパで森林火災が起きるのは、人工的につくられたトウヒやマツの単一林だけだ。足元に落ちた針葉が夏になると乾燥し、とても燃えやすくなるためだ。では、針葉樹はどうしてそのような〝燃えやすい物質〟を樹皮や葉に蓄えるのだろうか？　たとえば、針葉樹が火災の多い地域を故郷にしていたら、燃えにくい物質を体内につくるほうが都合がよかっただろう。

スウェーデンのダーラナ地方で見つかった最古のトウヒは樹齢八〇〇〇年を優に超えると言われている。もしそこが二〇〇年に一度は山火事が発生するような土地なら、これほどの高齢になることはなかったはずだ。しかし、実際に火災が増えはじめたのはここ数百年のことで、その原因は不注意な人間にあると考えられている。雷のせいで小さな火災が発生することもあるが、それはごくまれでしかない。だから、針葉樹はそれに対処する仕組みを発展させることはなかったのだ。次に森林火災のニュースを聞いたら、その原因は何かということに注目してみよう。ほとんどの場合、人間の不注意が出火の原因とみなされているはずだ。

火災ほど危険ではないものの、やはり痛々しい現象がある。私自身、つい最近、その存在を知った。私たちの営林小屋は山の中腹、標高五〇〇メートルの高さにあり、森を囲むように深い谷川が流れている。この森では川はまったく問題を起こさないが、ほかの場所では太い川が害になることもある。そういう川はときに氾濫し、川沿いの土地に特殊な生態系をつくりだすからだ。

そこにどんな樹木が定着できるかは、氾濫のしかたや氾濫の頻度によって決まる。増水や氾濫の流れが速く、年間で数カ月間も続く場合には、濡れた地面に長期間耐えられるヤナギやポプラが育ち、川のすぐ近くに、そうした生態系が確認できる。

もう少し川から離れ、土地が数メートル高くなると洪水で水浸しになる頻度が下がる。そうした場所は春になると雪解けの水がゆっくりと集まり、湖のようになることもある。この水はしばらくするとなくなるが、そういう場所を好むのがナラやニレだ。こうした木々は、ヤナギやポプラと違って、夏の氾濫には耐えられない。根が窒息して死んでしまう。

それだけではない。冬でも、川が木々にとって命取りになることもある。研修旅行でエルベ川沿いのナラやニレの林を訪れていたとき、私はどの木の幹にも樹皮に裂け目があることに気づいた。裂け目はどれもおよそ二メートルの高さにある。

見たこともない光景だったので、原因は何だろうと不思議に思っていた。研修のほかの参加者も驚いていたようだった。すると生態系保護区の職員が、氷が原因だと説明してくれた。寒さがひときわ厳しい冬には、エルベ川に氷が張る。春になって水温と気温が高くなると、増水して氷の塊が流され、それがナラやニレの幹にぶつかるのだ。そのため、どの木も同じ高さに同じような傷を負ったというのが真相だそうだ。

このまま温暖化が進めば、エルベ川に氷が張ることもなくなるだろう。それでも、少なくとも二〇世紀の前半から生きつづけて、あらゆる気候条件を経験してきた樹木の傷跡が、かつてはそのような寒い冬があったことを私たちに物語りつづけてくれることだろう。

# 新参者

樹木が移動するので、森はつねに変化する。森だけではない、自然全体が変化を続けている。思いどおりの景観をつくりだそうとする人間の試みがほとんど失敗するのもそのためだ。自然が静止しているように見えるのは、ごく緩やかな移り変わりの一部しか見ていないからにすぎない。特に森のなかでは、そうした幻想が強く感じられる。樹木は自然界においてもっともゆっくりと変化をするものの一つだからだ。数世代の時間をかけて観察してはじめて、樹木の変化を確認することができる。

たくさんある変化のうちの一つに、新しい樹種の到来がある。本来ならけっしてそこにいるはずのなかった種が、研究旅行から帰ってきた植物学者の土産として、あるいは産業用木材を大規模に製造するための林業の一端として、あらたな土地にもたらされた。

〝ダグラスファー（ベイマツ）〟〝ニホンカラマツ〟〝アメリカオオモミ〟などといった樹木の名前は、ヨーロッパの民謡や物語には登場しない。私たちの社会に定着していないからだ。彼らはいわば移住者で、森では特別な地位を占めている。自ら移動してきた樹種とは違い、彼らは自分たちの好む生態系から引き離されてヨーロッパにたどり着いた。種子の形で輸入されたため、故郷では外敵となる昆虫や菌類も連れてきてはいない。

そのため、新天地であらたなスタートを切ることができ、いくつかの利点ももたらされた。たとえば――少なくとも入植してから最初の数十年間は――寄生虫のわずらわしさから解放される。人間が南極に行くと、同じような経験をするだろう。南極の空気には細菌やほこりがほとんど含まれていないため、アレルギーなどから解放されるのだ。ただし、南極はあまりに遠い。

樹木にとっても、人間の助けを借りてまったく新しい土地に移住することは、過去の災いから自由になることを意味している。特定の樹種にこだわらない菌類さえいれば、根に役立つパートナーを見つけることもできる。こうして彼らはヨーロッパの森で元気に育ち、あっという間に立派な幹をつくった。ヨーロッパにもとからいる樹木より彼らのほうが元気な印象を受けるのも当然だろう。少なくとも、ヨーロッパのいくつかの地方で彼らの繁栄が確認できる。

一方、自らの力で移動する樹木は、自分が心地いいと感じる場所にしか定着できない。新しい土地で昔からいるライバルたちに勝つには、気候だけでなく、土壌(どじょう)の性質や湿度も自分に合っていなければならない。人間の手で見知らぬ森のなかにもたらされた樹木が繁栄できるかどうかは、運しだいだ。

たとえばブラックチェリーは北アメリカ原産の広葉樹で、幹の美しさと木質(もくしつ)の良さで知られている。〝これをヨーロッパにも……〟と考えた人がいたのも不思議ではない。しかし数十年後、その試みは失敗だったとわかってきた。新しい故郷ドイツのブラックチェリーは曲がったり傾いたりするうえに、二〇メートル以上にはならず、マツの木の下でずっとくすぶりつづけたのだ。これでは木材としての価値はない。しかし、今となっては厄介者となったこの木もいなくなってくれそうにはない。シカなどの草食動物がブラックチェリーの苦い味を嫌って、ブナやナラ、あるいは、マツの芽ばかりを食べるからだ。その結果、光をさえぎるライバルがいなくなり、新参者のブラックチェリーが幅をきかせるようになった。

ダグラスファーもまた、自分の運命が運まかせであることをよく知っている。ダグラスファーは、たくさんの土地で、植林から一〇〇年ほどで立派な巨木に育った。ほかの地方では——私も以前研修生として体験したことがあるように——植林から数十年で伐採する必要があった。ダグラスファーの林全体が、四〇年もたたないうちに朽ちはじめたからだ。

その原因がどこにあったのか、長いあいだ研究者たちもわからなかった。菌類や昆虫のせいではないことだけは確かだった。長い調査のすえ、土壌に含まれるマンガンの量が多すぎることが原因だとわかった。過剰なマンガンにダグラスファーが耐えられなかったのだ。

実際、ヨーロッパにもたらされたダグラスファーにはたくさんの亜種があって、それぞれがまったく異なった特性をもっている。ヨーロッパにもっとも適しているのは太平洋沿岸からきた亜種だ。だがその種子は、海岸から遠い場所で育つ内陸型のダグラスファーの種子と交ざってしまった。さらに複雑なことに、この二つの亜種が交配して種子をつくり、まったく予測のつかない特徴をもつ子孫を残したのだ。

その木がヨーロッパで大きくなれるのかどうか、それがわかるのは樹齢四〇年を超えてからになるだろう。鮮やかな緑色の葉を生やして、密な樹冠をつくる個体がある一方で、内陸型の遺伝子を多く含む個体は幹から樹脂を分泌し、みすぼらしい葉をつける。結局のところ、これは自然がもつ自己修復の働きの一例でしかない。適応しないものは淘汰される。ダグラスファーの場合は、その結果が出るのに四〇年の時間がかかるというだけの話だ。

中央ヨーロッパの土着のブナは、なんの苦もなくこの新参者を追い出すことができる。その際の戦略は、ナラとの闘いのときと同じだ。ほかの木がつくる暗闇のなかでさえ生長できるという特殊能力があるブナは、何百年かかろうと最後はダグラスファーに打ち勝つだろう。なぜなら、北アメリカからやってきたこの樹木は光をたくさん必要とするので、幼木として常緑樹の下に立つと生長できないからだ。人間がほかの木を切り倒して、地面にまで光を届けた場合にだけ、幼いダグラスファーにも大きくなるチャンスがある。

外来種の到来が在来種にとって驚異となるのは、双方の遺伝子が似通っているときだ。たとえば、ニホンカラマツがヨーロッパにやってきたときのこと。ヨーロッパのカラマツは生長が遅く、さほどまっすぐ伸びない。そのため、前世紀からニホンカラマツが植林される機会が増えてきた。やがて、ヨーロッパカラマツとニホンカラマツが交配して、混合種が繁殖しはじめる。その結果、いつの日かヨーロッパカラマツが絶滅するリスクが高まってしまった。

両方のカラマツ種にとって地元ではないアイフェル山地にある私の森でも、今では両者が混在している。同じような運命をたどりそうなのがヨーロッパのポプラ（ヨーロッパクロポプラ）だ。カナダのポプラと組み合わせて人工的につくられたポプラのハイブリッド種との雑種化が進んでいる。

しかし、こうしたケースはむしろ例外で、ほとんどの外来種は在来種を脅かす存在ではない。人間が手を貸さないかぎり、彼らの多くはこれからの二〇〇年以内にはヨーロッパからいなくなるだろう。たとえ私たちが手助けしたとしても、新参者が長期的に生き残れる見込みはあまり高くない。

なぜなら、それぞれの樹木に特有の寄生虫もまた、全世界で移動しているからだ。もちろん、厄介な害虫を誰かがわざわざ輸入しているわけではない。それでも、輸入される木材に紛れる形で菌類や昆虫が太平洋や大西洋を越えてヨーロッパにやってきて、じわりじわりと繁殖を続けている。適切に加熱処理されなかった梱包用の木材に害虫が紛れていることもある。

私宛に遠い外国から送られてきた小包に、生きた昆虫が入っていたこともあった。私のコレクションに加えようと、年代物のモカシン（アメリカ先住民が履く伝統的な革靴）を購入したのだ。モカシンを包んでいた新聞紙を開いたとたん、複数の小さな茶色い甲虫が私の腕をよじのぼってきた。私は大急ぎでそれらを押しつぶして殺した。自然保護を訴える私が虫を殺すなんてひどい、と思うだろうか？

　このようにして新しい土地にやってきた昆虫は、外来種だけでなく、土着の樹木にとっても大きな脅威となる。アジアからやってきたツヤハダゴマダラカミキリがその一例だ。梱包用木材に紛れて中国からやってきたと考えられている。三センチほどの大きさの体に、六センチほどの触角をもつのが特徴で、黒い体に白い斑点があり、一見美しい昆虫だ。

　だが、私たちの広葉樹にとっては迷惑な存在でしかない。このカミキリが樹皮の隙間に卵を産みつけるからだ。卵からかえった幼虫が今度は幹を食べ、親指ほどの大きさの穴を開ける。この穴に菌類が入り込み、最後は幹が腐ってしまう。今のところ、この虫は街をすみかにしている。そのため、ただでさえつらい生活を強いられているストリートチルドレンにとってさらなる悩みの種となってしまった。

　ツヤハダゴマダラカミキリはとても怠けもので、生まれた場所から半径数百メートルの範囲にずっととどまる。そのため、今後森のなかにまですみかを広げるかどうかは、まだわからない。

　アジアからやってきたニセビョウタケの一種は対照的な広がりを見せた。この菌類はヨーロッパのトネリコを根絶やしにしようと総攻撃を仕掛けているところだ。折れて落ちた枝に育つ小さなキノコ（子実体）はかわいらしく、害があるようにはとても見えない。しかし、その凶暴な菌糸体が樹木のなかに入り込み、次から次へと枝を腐らせるのだ。トネリコがこの攻撃で全滅することはおそらくないと思うが、今後もずっと川のほとりにトネリコ林が見られるかどうかは疑問だ。

この菌類の繁殖に私たち林業関係者も力を貸してしまっているのではないか、と心配になることがある。私はかつて南ドイツの森林をいくつか視察したことがある。ニセビョウタケの被害を見るためだ。その後、自分の森に入った。同じ靴を履いて！　もし、このときニセビョウタケの胞子が靴底に付着していたら、私はそれを自分の地元アイフェル山地にもちかえったことになる。それが原因かどうかはわからないが、ヒュンメルでもトネリコがこの菌に感染しはじめたという事実がある。

それでも私はヨーロッパの森林の将来に不安を抱いていない。なぜなら、大きな大陸（そもそもユーラシアは世界で最大の大陸だ）では、これまでずっとどの樹種もほかの地方からやってきた新参者たちとの闘いを繰り広げてきたからだ。渡り鳥や強風が、樹木の種子や菌類や昆虫を絶えずほかの地方にもたらしてきた。樹齢五〇〇年の木なら、どれも一度や二度はそうしたよそものの侵入を体験したはずだ。

すでに説明したように、同じ種類の樹木でも遺伝子の情報が多様であるおかげで、どんな新しい危険が迫っても、それに対応できる個体は必ずいる。たとえ人間が何もしなくても、ある地方に突然、ほかの地方の樹木がもたらされることがある。たとえば鳥の力を借りて。例を挙げると、かつて地中海地方に生息していたシラコバトは、一九三〇年代にドイツにやってきた。茶色まじりの灰色の体に黒い斑点が特徴的なノハラツグミはヨーロッパの北東部から二〇〇〇年かけて生息地を西に広げ、今ではフランスでも目につくようになった。彼らの羽毛のなかに何がひそんでいるのか、誰にもわからない。

在来の森林生態系がそうした変化にどれだけ抵抗できるのか。この問いの答えは、そこにどれだけ人間の手が加わっているかに左右される。人間の影響が少ないおかげで森林社会が健全で、林冠の下の気候が安定していればいるほど、侵入者が繁殖するのは難しくなる。

最近、危険な外来種として話題となった典型例はジャイアントホグウィードだろう。この植物はコーカサス地方原産で、三メートルほどの高さに育つ。直径五〇センチの傘のように広がる白い花序（かじょ）がとても美しいので、一九世紀に中央ヨーロッパに輸入された。それがいつしか植物園から逃げ出し、草原へと広まったのだ。その樹液が肌につき、そこに紫外線が当たるとやけどのような症状になるため、ジャイアントホグウィードはとても危険な植物とみなされている。

この植物を駆除するために毎年数百万ユーロという費用が投じられているが、効果はあまり出ていないようだ。しかし、この植物が中央ヨーロッパでも繁殖できるのは、川辺や谷間の湿地に本来あるはずの森がなくなったからだ。そうした場所に森が戻ってくれば、樹冠のおかげであたりが暗くなり、ジャイアントホグウィードだけでなくインド原産のオニツリフネソウやアジア原産のイタドリも育たなくなるだろう。人間が手を引いて、樹木に主導権を委ねれば、こうした問題はおのずと解消するはずなのだ。

ここまで在来種でない樹木や植物の話をしてきたが、そもそも〝在来〟とはどういう意味なのだろう？　一般的に、ある地域の境界の内側に自然に存在する動植物を〝在来種〟と呼んでいる。たとえばオオカミは一九九〇年代に入ってから中央ヨーロッパのほとんどの国で見られるようになり、私たちの動物界の一部とみなされるようになった。しかし、九〇年代以前もイタリアやフランス、ポーランドなどではすでにオオカミが確認されていた。ということは、すべての国で見られたわけではないとはいえ、オオカミはずっと前からヨーロッパの在来種だった、と考えることができるのだろうか？　それでは対象となる地域があまりに広い気がする。

違う例を挙げると、ネズミイルカはドイツに自生する在来種と言われるが、それならこの動物はライン川上流でも観察されてしかるべきではないだろうか？　だが実際には沿岸部や河口にしか存在していない。

このように、先に挙げた在来種の定義はあまり意味をなさない。その定義はもっと狭い範囲を対象とすべきであり、その基準は人間が考え出した境界ではなく、もっと自然なものであるべきだ。特徴（水、土質、地形）と局地的な気候でひとまとまりにできる自然空間を基準とするのがいいだろう。

樹木はそれぞれ、自分に最適な条件がそろっている自然空間を選んで定着する。つまり、バイエルンの森のトウヒは標高一二〇〇メートル前後の地点で自生するが、標高八〇〇メートル以下や、そこから一キロばかり離れた場所――ブナやモミの生息地――に立つトウヒは〝在来種〟と呼ぶべきではないのだ。

そこで、専門家は〝地域在来種〟という言葉を使うようになった。ある土地に自然に定着した、あるいは定着する生き物という意味だ。私たち人間が定める境界線と違い、特定の自然空間は範囲がぐっと狭くなる。それを無視して、人間がトウヒを暖かい低地にもたらすと、その土地でトウヒは新参の外来種とみなされる。

ここで、ぜひ紹介したい生き物がいる。アカアリ（ヨーロッパヤマアカアリ）だ。アカアリは自然保護のシンボルとみなされ、いたるところで調査され、保護されている。必要とあらば、人間がアカアリの引っ越しの手伝いをすることすらある。そのことに反対する気はない。なにしろ、アカアリは絶滅危惧種に指定されているのだ。

　絶滅危惧種？　いや、実際のところ、アカアリ自体が新参の外来種なのだ。彼らはトウヒやマツが植林される土地に、あとを追うようについてきた。針葉が必要だからだ。細い針葉がなければ、彼らは巣をつくることができない。この事実だけを取ってみても、広葉樹林はアカアリの自生地ではありえないと予想できる。加えて、彼らは一日に少なくとも数時間は日光が当たる場所を好む。そうした場所なら、春先や秋などの寒い時期も、日が当たっている暖かい時間だけは活動を続けることができるからだ。暗いブナ林ではそうはいかない。広範囲にわたってトウヒやマツを植える人間にアカアリは感謝していることだろう。

## 森の空気は健康？

　森の空気を吸うことはとても健康にいいと誰もが考える。リラックスしたいとき、新鮮な空気のなかで体を動かしたいとき、私たちは森に入る。そうする理由はたくさんある。実際に、樹木がフィルターの役割を果たしてくれるので、森の空気はほかの場所よりも澄んでいる。広葉や針葉が、流れる空気に含まれる大小の物質を取り去ってくれるからだ。除去される物質の量は一平方キロメートルにつき年間で七〇〇〇トンにもなる。(51) 樹冠が広げる巨大な表面のおかげだ。

　これは草原の表面積の一〇〇倍にあたる。樹木と草では大きさがまったく違うからだ。濾過(ろか)された不純物には煤(すす)などの汚染物質だけでなく、舞い上がった土埃(つちぼこり)や花粉も含まれる。特に有害なのは人間がつくりだした物質だ。酸化物や有毒な炭化水素や窒素化合物などが、まるで私たちのキッチンの換気扇のフィルターにつく油のように、木の下に集まるのだ。

　樹木は不純物を取り除くだけでなく、物質を空気に加えることもある。すでに紹介した、芳香物質やフィトンチッドのことだ。こうして、それぞれの森にはそこに生きる木の種類によって個性が生まれる。針葉樹林は空気中の菌量を大きく減らすので、アレルギーに苦しむ人にはうれしい知らせだろう。

　しかし、トウヒやマツが植林を通じて低地――彼らが本来自生しない場所――にもたらされると、事情が変わる。ほとんどの場合、そうした低地は針葉樹にとって乾燥しすぎているうえに気温も高すぎるので、フィルター機能が弱まり、空気が不純なものになってしまう。夏に針葉樹林に差し込む光を見ると、ほこりが浮かんでいるのがよくわかる。乾燥して死んでしまう恐怖と隣り合わせで弱っているトウヒやマツを狙って、キクイムシも集まってくる。

　すると、それらの虫に抵抗しながら助けを求める木々は、芳香物質、つまり化学的な伝達物質という〝叫び声〟を出す。森に入ったときに私たちは、こうした物質を肺に吸い込んでいるのだ。

　では、私たちは彼らのメッセージを無意識のうちに理解しているのだろうか？　危機に瀕した森は不安定で、人間にとっても適した生活空間とはなりえない。人間は石器時代の昔からずっと最適な生活環境を求めてきた。そう考えると、私たち人間には身のまわりの環境状態を無意識のうちに理解できる能力が備わっていても不思議はないだろう。実際に、人間にはそういう能力があることを示す証拠も見つかっている。森を散策した人々を調査したところ、針葉樹林では血圧が上がり、ナラ林では血圧が下がってリラックスできることがわかったのだ。[52]どの森が自分にとっていちばん快適か、あなたも一度試してみてはいかがだろうか。

ある専門誌が、木の発する言葉が私たちに与える影響を特集のテーマとして取り上げた。[53]韓国の研究者が高齢の女性に森と都市を散歩してもらった。その結果、森を散歩した人たちは、血圧、肺活量、そして動脈の弾力の数値が改善したのに対して、都市部を散歩した人たちにはそうした変化は現われなかった。たとえばフィトンチッドは細菌を殺す作用をもつため、私たちの免疫系に有益な効果をもたらす可能性がある。だが個人的には、さまざまな要素が混ざった樹木のおしゃべりそのものが、私たちが森のなかで——少なくとも自然で健全な森のなかで——リラックスできる理由の一つではないかと私は考えている。

私の森のなか、古い広葉樹が集まっている場所を散歩した人々は声をそろえて「気分がいい」「とても落ち着く」と言ってくれる。一方で、針葉樹林を歩いた人々は――中央ヨーロッパの針葉樹林はほとんどが植林地、つまり人工林――そのような感情を抱かない。ブナ林などの広葉樹林では〝危機を知らせる叫び声〟があまり発せられていない。そのかわりに落ち着いた会話が木々のあいだで交わされていて、それを私たちが鼻から吸い込んでいるからではないだろうか。人間は森の健康状態を無意識のうちに理解できる、と私は確信している。

一般的に、森の空気には酸素が豊富に含まれると考えられているが、必ずしもそうとはかぎらない。命に欠かせない酸素は、光合成を通じて水と二酸化炭素からつくられる。夏は一平方キロメートルにつきおよそ一万キログラムの酸素が木々から放出されるといわれている。人間は一日につき一キロ弱の酸素を必要とするので、およそ一万人分の酸素がつくられる計算になる。森を散歩することは酸素のシャワーを浴びるようなものだ。

ただし、それは日中に限る。というのも、樹木が炭水化物をつくるのは木質（もくしつ）を蓄えるためだけではなく、空腹を癒（い）やすためでもあるからだ。人間と同じように、細胞内で糖分が消費される際にエネルギーが発生し、同時に二酸化炭素も生じる。日中は酸素がどんどん放出されるので、この二酸化炭素が空気中で高い値を示すことはないが、夜間は光合成が行なわれないために水と二酸化炭素が消費されない。それどころか、あたりが暗いと光合成が行なわれないので酸素が発生しないうえに、糖分の消費だけが進み、二酸化炭素が一方的に放出される。でもご心配なく。そのせいで私たちが窒息することはない。空気はつねに流れているので、二酸化炭素もほかの気体と混ざり合い、酸素の量が急激に減ることがないからだ。

ところで、樹木はどうやって呼吸しているのだろうか？　木の〝肺〟の一部は私たちにも見ることができる。葉っぱだ。葉の下側には小さな穴が開いていて、日中はそこから酸素を吐き出し、二酸化炭素を吸い込む。夜はその逆だ。葉から根はとても遠く離れているので、根でも呼吸できるようになっている。そうでなければ、広葉樹は冬には死んでしまうだろう。なにしろ、地上の肺となる葉をすべて落とすのだから。ところが、葉がなくても木は生きている。根も伸ばさなければならない。それに使うエネルギーをつくるためにも、酸素は欠かせない。だからこそ、空気孔が詰まるほどに根のまわりの土が固められると、樹木は困ってしまうのだ。根の一部が窒息して、その木は病弱になる。

夜の呼吸に話を戻そう。夜間に二酸化炭素を放出するのは樹木だけではない。微生物や菌類、細菌などが落ち葉や朽木（くちき）、そのほかの腐敗した植物を食べて消化し、腐植土に変えているために二酸化炭素が放出される。冬は、二酸化炭素の発生に拍車がかかる。

樹木が冬眠するので、日中も酸素が増えないのに、地中では熱心に消化活動が続いているからだ。その熱心さたるや実際に熱を発するほどで、どんなに寒いときでも地下五センチより深い部分が凍りつくことはない。

では、冬の森は危険なのだろうか？　そんなことはない。海上から大陸内部に向けて吹く風が新鮮な空気を届けてくれるからだ。海水には無数の藻類が生きている。彼らが一年中、水中で酸素をつくりつづけてくれるおかげで、冬でも陸地の酸素が不足することはない。私たちが雪に覆われたブナやトウヒの下でも深呼吸できるのはそのためだ。

ところで、樹木はそもそも睡眠を必要としているのだろうか？　どんどん光合成をしてくれ、とばかりに夜も光を照らしつづけたら、彼らは喜ぶのだろうか？　これまでにわかっていることから判断するかぎり、その答えは〝ノー〟だ。どうやら、樹木も人間と同じように睡眠を必要とし、睡眠が不足すると命にかかわる。すでに一九八一年に《ダス・ガルテンアムト》誌は、アメリカのある都市で立ち枯れしたナラを調査したところ、その四パーセントは夜間に点灯している人工の光が原因だった、と発表している。

ふだんの睡眠が大切なのはわかったが、長期間にわたる冬眠はどうなのだろう？　悪気なく、樹木から冬眠を奪ったことがある人は多いと思うが、その結果については、すでに「冬眠」の章で紹介したとおりだ。若いナラやブナを自宅に運んで鉢植えにして、部屋の窓際に飾る人がいる。部屋のなかはさほど寒くならないので、若木たちは休むことなく生長を続ける。だが、そのうちに睡眠不足に陥り、活力が失われてしまう。

戸外といえども暖冬の年もあり、特に低地では気温が氷点下を大きく下まわることはめったにないので、部屋のなかと条件はそれほど違わないはずだと考えることができるかもしれない。それでも、戸外の広葉樹はきちんと葉を落とし、翌年の春にまた若葉をつける。なぜなら、すでに詳しく説明したように、彼らには日の長さを感じる能力があるからだ。

では、部屋の窓際に置いた木はどうだろう？　暖房をいっさい使わずに、夜間に部屋を暗くすれば、彼らも戸外の仲間と同じような行動を見せるのかもしれないが、誰もそんなことをしようとは思わない。部屋を快適な温度に保ち、電灯の白い光で夜遅くまで照らしつづけ、部屋のなかに人工の夏をつくりだす。この永遠の夏を乗り越えられる樹木は中央ヨーロッパには存在しない。

# 森はどうして緑色？

　私たち人間にとって、植物を理解することのほうが動物を理解するより難しく感じられるのは、どうしてだろう？　進化の途上、私たち人間ははるか昔に植物から分化し、あらゆる感覚が植物とはまったく異なったものに発展してきた。そのため、樹木が何を感じているのかについては、想像するしかないのだ。

　たとえば色彩感覚。私は深い緑色をした林冠とその上に広がる澄んだ青空の組み合わせが大好きだ。私にとっては、それこそが自然といえる。本当にリラックスできる。だが、樹木もそう思っているのだろうか？　答えは〝それほどでも……〟だろう。

　青い空とたくさんの日差しは樹木にも気持ちがいいことは間違いないだろう。だが、彼らはそれを〝ロマンチックだ〟とか〝リラックスできる〟とは感じないはずだ。むしろ、食事の時間が始まる合図と受け取るにちがいない。雲一つない青い空は、光合成にとって最適な条件である強い光が降り注いでくることを意味している。青はかき入れ時の始まりを告げる仕事の色なのだ。満腹になるまで、二酸化炭素と水から糖質や繊維やほかの炭水化物をつくって貯蔵しなければならないのだから。

一方の緑色にはまったく違う意味がある。植物においてもっとも典型的な色が緑色だが、その話を始める前に、もう一つ別の疑問について考えてみよう。そもそも、世界はどうしてたくさんの色で満たされているのか？

日光は白い色をしている。何かに反射しても、色は白のままだ。だから、私たちはまるで病院のように真っ白な世界に囲まれていてもおかしくないと考えられる。でも実際は、世界は色で満たされている。さまざまな物質がそれぞれ異なった仕組みで光の構成要素を吸収したり、ほかの放射物に変えたりするからだ。そのときに加工されなかった波長だけが反射して、私たちの目に飛び込んでくる。私たちが見る生き物や物体の色はつまり、反射してきた光の色で決まるわけだ。木の場合は、それが緑だったのだ。

では、どうして黒ではないのだろう？　どうして、光のすべてが吸収されないのだろう？　葉緑素の働きによって、葉のなかで光が変換される。このとき、樹木が効率よく作業をして光のすべてを変換するなら、あとには何も残らない。その場合、森は昼でも夜のように暗く見えるはずだ。ところが、葉緑素には欠陥がある。光に含まれる緑の色範囲を利用できないのだ。そのため、緑色光をそっくりそのまま反射してしまう。この〝光合成の残り物〟が私たちの目に入るため、ほとんどの植物が緑色に見える。言い換えれば、緑色は樹木が使わずに捨てた光のゴミなのだ。

私たちにとっては美しい色でも、森の役には立たない。私たちはゴミを反射するからこそ自然を愛しているということになるのだろうか？　樹木がどう考えているのかは私にもわからないが、ただ一つ確かなのは、おなかをすかせたブナやトウヒは、私と同じように青い空を楽しみにしている、ということだけだ。

葉緑素の欠陥は、〝緑の陰〟と呼べるもう一つの興味深い現象を引き起こす。たとえばブナは降り注ぐ光のうち三パーセントしか取り逃がさない。地表近くには三パーセントの光しか届かないので、昼でもほぼ真っ暗になるはずだ。ところが、誰もが経験したことがあるように、実際に森に入るとそれほど暗いわけではない。それなのに、ほかの植物はほとんどといっていいほどそこで育つことができない。

その理由は、陰の色にある。赤や青などの色彩のほとんどは樹冠で吸収されているので、地面まで届かない。しかし〝光のゴミ〟である緑色は吸収されないので、その一部が樹冠をすり抜けて地表に下りてくる。そのせいで、森のなかは緑っぽい薄暗さが広がるのだ。ちなみに、この色には人間をリラックスさせる効果があることもわかっている。私の自宅の庭に立つ一本のブナは赤がお気に入りのようで、赤い葉を茂らせる。ずいぶん昔に誰かがそこに植えたもので、立派な大木に育っているのだが、私はこの木があまり好きになれない。健康な木に見えないからだ。このように赤い葉をした樹木は、公園などでもよく見かける。緑の公園に赤い色が映えてきれいだからだろう。専門家のなかには、そうした木を〝血のブナ〟や〝血のカエデ〟と呼ぶ人もいる。

赤い葉を茂らせる木を見ると、私は気の毒に思う。ほかの木と違う奇抜な姿は、その木に欠陥がある証拠だ。代謝に障害があると、葉が赤くなるのだ。正常な樹木でも、芽吹いたばかりの若葉は赤っぽいことがある。新鮮な組織に日焼け止めクリームのような物質が含まれているからだ。これはアントシアニンという物質で、紫外線を遮断して葉を守る働きをもつ。葉が大きくなれば、アントシアニンは酵素によって分解されてなくなるが、ブナやカエデのごく一部は遺伝的に欠陥があるために、この酵素をもっていない。そのため、赤い色素を分解できないまま、大きく育つのだ。

そのような葉は赤い光の大半を反射してしまう。つまり、赤い葉の樹木は光エネルギーの多くを無駄にする。それでも光の青色部分を使って光合成はできるが、普通の木に比べて効率は悪くなる。天然の森でも赤い木は存在するが、彼らはほかよりも生長が遅いので、競争に敗れて消えゆく運命にある。しかし、私たち人間は特別なものを好む傾向をもっている。赤い変種を見つけては、意図的に繁殖させてきた。つまり、人間は苦しむ木を見るのを楽しんでいる、といえるかもしれない。すべては無知のなせる業だ。

私たちに樹木の気持ちがわからない理由はもう一つある。樹木の生き方があまりにゆったりとしているせいだ。樹木の子ども時代は人間の子ども時代の一〇倍の長さがある。彼らの一生はさらに、その時間の少なくとも五倍は続く。葉をつけたり、幹を伸ばしたり、といった活動だけでも数週間や数カ月といった時間を費やす。

樹木は、一見したところ、岩と同じようにまったく動かない物体のような印象を受ける。風に葉をざわめかしたり、枝を折ったり、幹を揺らしたりもするが、どれも自発的なものではない。樹木も迷惑に思っているはずだ。現代人の多くが樹木をただの〝物体〟としてしか認識していないのも無理はない。しかし、樹皮の内側ではいろいろな活動が行なわれている。水分と養分、つまり〝木の血液〟は根から枝葉に向かって秒速一センチの速さで流れているのだ。(54)

自然保護や林業に携わる人ですら、森の見た目にだまされていることが多い。人間は目で多くの情報を取り入れる動物なのでしかたがないかもしれないが。目で見るかぎり、私たちの森林はとても単調で、ものさびしく見える。動物たちの活動のほとんどが微小な世界で繰り広げられているため、私たちはその活動に気づきもしないのだ。

私たちに見えるのは鳥や哺乳類といった大きな動物だけなのだが、そうした生き物は静かで臆病なので、森のなかではめったにお目にかかれない。私の古いブナ林を訪れる人たちは決まって、どうして鳥の鳴き声がこんなに少ないのか、と口にする。

森の外に棲む鳥の多くは大きな声でさえずり、人間に見つかることを恐れていない。シジュウカラやクロウタドリやコマドリが庭に飛んできては、私たちから数メートルの距離にまで平気で近づいてくる。森をすみかとするチョウ類もほとんどが保護色の茶色や灰色なので、木にとまっていれば幹になじんで誰も気づかない。一方で、森の外のチョウはカラフルで、見落としようがない。

草花も同じだ。森の草花はどれも小さくて、互いによく似ている。苔も何百種類もあるのにどれも小さく、私にも区別がつかないほどだ。このことは地衣類にもあてはまる。それにひきかえ、草原の草花はどうだろう。二メートルもの高さに育つ色鮮やかなジギタリス、黄色いキオン、水色のワスレナグサ——どれも私たちの目を楽しませてくれる。

嵐が過ぎ去ったり、大規模な伐採が行なわれたりして、森に大きな裂け目ができ、そこに色とりどりの植物が入り込むと、種の多様性が向上したといって喜ぶ自然保護活動家がいるが、まさにものごとの本質を見失っている。それが森林の生態系にとって大きな痛手であることを忘れている証拠だ。光が差し込んだおかげで草原の植物が育つようになったかわりに、何百種という微生物や小動物が誰からも気づかれないまま死んでいるのだ。ドイツ・オーストリア・スイス生態学会の調査も、産業利用によって森林内の植物種が増加すればするほど自然の生態系の乱れがひどくなる、と結論づけている。[55]

# はずれた鎖

環境の劇的な変化を前にして、純粋な自然を求める声は増えつづけている。人口の密集する中央ヨーロッパでは、森林こそが人々の心を癒(い)やす最後の自然とみなされている。しかし、私たちの森林は手つかずの自然ではない。本当の原生林はすでに何百年も前に、空腹に苦しむ私たちの祖先によって斧で切り倒され、畑に変えられてしまった。それ以降、集落や畑の近くではふたたび広い範囲にわたって樹木が生える場所も増えてきた。

だが、それらは、特定の樹木をいっせいに育てるための大規模農場(プランテーション)と呼ぶほうが正しいだろう。それらを〝森林〟と呼ぶべきではない、という考えは、最近では政治の世界でも広がりはじめている。ドイツの各政党は、国内にある営林地の少なくとも五パーセントには今後いっさいの手を加えないという点で意見が一致している。その五パーセントに、遠い将来原生林になってほしい、と考えての決断だ。熱帯雨林の保護が不充分だとことあるごとに熱帯諸国に対して文句を言っている私たちが、たった五パーセントで満足しているのだから恥ずかしい話だ。

しかし、少なくともこれはスタートだ。ドイツの森林の約二パーセントを放置するだけでも、合わせて二〇〇〇平方キロメートルを超える規模になる。そこでは、人間が手間をかけて世話する自然保護区とは違って、自然の自由な営みを観察することができるだろう。〝何もしないこと〟が保護活動なのだ。自然は人間の気持ちなど知らないのだから、私たちが想像もしなかったような発展を見せることもあるだろう。

この〝原生林の再生〟がもっとも急激に進むのは、自然のバランスが大きく崩れている場所だ。たとえば、裸の耕作地や、毎週のように芝刈り機で手入れされている芝生。私の小屋のわきにある芝生でも、ナラやブナやシラカバの苗木が頻繁に姿を現わす。それらを放っておけば、五年後には二メートルほどの若木に育ち、私たちの小さな庭を密な枝葉で覆(おお)ってしまうことだろう。

すでに存在している森林のなかで、もっとも短い期間で原生林化が進みそうなのはトウヒとマツのプランテーションだ。そうした場所の多くは最近になって国立公園に指定された場所でもある。環境にとって広葉樹林がどれほど貴重なのか、まだあまり理解されていないようだ。いずれにせよ、国立公園に指定されたプランテーションは、将来の原生林に再生することが期待できる。人間が手を加えないかぎり、数年後には大きな変化が見られるだろう。

まず、キクイムシをはじめとする昆虫が発生して、増殖する。人間によって、暖かすぎたり乾きすぎていたりする場所に整然と並べられた針葉樹は、この攻撃に抵抗する力がない。数週間後には樹皮を食べつくされ、木は死んでしまう。大量の昆虫による樹木への攻撃がまるで森林火災のように広がり、かつての経済林は樹木の残骸が並ぶ荒れ地に変わる。

今からでも伐採させてくれ、と地元の製材業者は嘆きはじめるはずだ。森をぶざまな姿のまま放置するのは観光業にとってもよくない、と主張する声も上がるだろう。そう思う気持ちは理解できる。手つかずの森だと聞いてやってきた観光客が目にするのは緑ではなく、死んだ木で覆われたむなしい景色なのだ。たとえば、バイエルンの森の国立公園では一九九五年以来、五〇平方キロメートルの範囲のトウヒが死滅した。その面積は国立公園全体の四分の一にも及ぶ[56]。

多くの人にとって、死んだ木を見るのは裸地を見るよりもつらいようだ。ほかの国立公園のほとんどがそうした声に屈して、キクイムシの駆除という建前のもとに木を切り倒し、製材業者に売り渡してしまった。それは大変な過ちだ。なぜなら、死んだトウヒやマツこそが、広葉樹林の誕生を加速するからだ。死んだとはいえ、彼らの体内には水が蓄えられている。それが夏の熱い空気を冷やしてくれる。彼らがその場で倒れれば、幹が天然の柵となってシカなどの侵入を阻んでくれるので、生まれたばかりのナラやブナ、ナナカマドは食べられずにすむ。そして、いつの日か完全に朽ち果て、貴重な腐植土になってくれる。

だが、ここまできてもまだ原生林が誕生するわけではない。なぜなら、その若木たちには親がいないからだ。子どもたちの急な生長にブレーキをかけ、彼らを守り、いざというときには養分を分けてくれる存在が欠けている。そのため、そのような国立公園で生長する最初の世代は、まるでストリートチルドレンのような育ち方をする。

また、育つ樹木の種類の組み合わせも不自然なものになる。なぜなら、死を目の前にした針葉樹が懸命に種子をばらまくので、ブナやナラやモミに混じってトウヒやマツやダグラスファーなども育つからだ。このような組み合わせは天然の森では見られない。

この時点で、管理する側である自治体や政府などがしびれを切らして、針葉樹を伐採しようと考えることも多いようだ。そうすれば、原生林化が早まると期待するのだろう。

しかし、あわてる必要はない。最初の世代は生長が早すぎて長生きできない。いずれにしても、森林の社会がしっかりと安定するにはかなりの年月がかかるのだ。広葉樹に紛れ込んだ針葉樹は遅くとも一〇〇年後にはそこからいなくなる。広葉樹よりも背が高くなり、嵐に襲われると支えがないので倒れてしまうからだ。

そうしてできた隙間(すきま)に広葉樹の第二世代が根を張り、親木の屋根の下で安全に育つことができる。親も長生きはできないが、それでも赤ん坊たちの急な生長にブレーキをかけ、しっかりと育てるには充分な期間だ。親木たちに寿命が迫ってくるころには、バランスのとれた安定した森林環境ができあがり、それ以降はほとんど変化を見せなくなることだろう。

しかし、そこまでくるには五〇〇年という時間が必要だ。手つかずの国立公園をつくると決めた段階で、人の手がほとんど加わっていない老成した広葉樹林を保護地区に指定するなら、このプロセスも二〇〇年ほどで終わるだろう。だが、現実には自然とはかけ離れた人工林が保護地区に選ばれることがほとんどだ。そうすると、最初の数十年で大きな変化が生じ、原生林化にさらに多くの時間がかかるのは避けられない。

ヨーロッパの原生林について考えるとき、一般の人々はよく、森林の木々がジャングルのようにどんどん密になり、そのうち人が通れなくなるのではないか、と誤解するようだ。一〇〇年以上前から人間の手を加えていない保護区を見れば、その考えがいかに間違っているかがわかるだろう。

　深い暗闇のせいで草や低木が育たないので、天然の森林の地表は茶色（落ち葉の色）一色だ。小さな木はゆっくりと、そしてまっすぐに育ち、枝も細くて短い。だから目立つのは大聖堂の柱のようにそびえ立つ親木の幹ばかりだ。

　その一方で、産業用の人工林は定期的に伐採が行なわれるので、光が多くて明るくなる。そうした場所には草や茂みが鬱蒼と生え、人間が入るのを拒んでいるかのようだ。伐採された木から切り離された枝葉が散乱しているので、人間が足を踏み入れるにはさらに厄介になる。そのため、そういう森は不安定で混乱した印象を与える。

　逆に原生林にはそうした障害物がない。もちろん、ところどころに太い倒木が横たわっているが、倒木はむしろ腰かけて一服するのに好都合だろう。原生林の木は高齢になるので、そもそも死んで倒れる木の数が少ない。たまに倒木がある以外、森のなかでは目立った変化はほとんど起こらない。そもそも人間が一生のうちに気づける変化などごくわずかでしかない。原生林化を目的とした保護区では自然が安定し、私たちにとってもリラックスできる場所になってくれる。

　では、森は安全なのだろうか？　古い木が引き起こした事故のニュースはあとを絶たない。倒れた幹や折れた枝がハイキング道や山小屋や駐まっていた車を直撃した、といった事故だ。もちろん、そういう事故が起こる可能性はある。だが、それをいうなら人工林のほうがはるかに危険だ。暴風のときに樹木のせいで発生する被害の九〇パーセント以上が、不安定なプランテーションで育つ針葉樹によって引き起こされている。そういった針葉樹は時速一〇〇キロの風でも倒れてしまうからだ。長年人の手が加わっていない古い広葉樹林で、誰かがそういう被害に遭ったという話を一度も聞いたことがない。だからこそ、私は声を大にして主張したい。勇気をもって、森に入ろう！

# 有機林業？

人間と動物の歴史を振り返ってみると、近年になって両者の関係が改善しているような気がする。いまだに大量飼育をはじめとする残酷な行為が行なわれているが、それでも私たちは動物の気持ちや権利を少しずつ理解し、尊重しはじめている。動物を〝モノ〟として扱わないことを目的として、ドイツでは一九九〇年に動物の権利を改善する法律も定められた。大量飼育された動物の肉を買わない人や、肉をまったく食べない人も増えている。動物も人間と同じような感情をもつことがわかってきた今、こうした動きは歓迎すべきことだと思う。

感情をもつのは、なにも人間に近い哺乳類に限ったことではない。昆虫もそうだ。カリフォルニアの研究者がショウジョウバエも夢を見ることを発見したのだ。そうはいっても、ハエに共感したり同情したりする人はまだまだ少ない。森の樹木ともなればなおさらだ。

私たちの思考において、ハエと樹木のあいだには飛び越えられないほど大きな隔たりがある。樹木は脳をもたない。動きも非常にゆっくりしていて、そもそも動こうという気がない。樹木は超がつくほどスローモーションな毎日を過ごしている。誰もが、学校に入ったばかりの子どもでさえ、木は生物だと知っているにもかかわらず、まるでモノのように扱うのも不思議なことではない。

暖炉のなかでパチパチとはじけるのは、火に焼かれるブナやナラの死体だ。あなたが手に取ったこの本も、切り倒された（つまり殺された）トウヒやシラカバの体を削ってつくった紙でできている。

なんと大げさな、と思うだろうか？　私はそうは思わない。ここまで本書で読んできた内容をすべてつなぎ合わせれば、ブタや樹木の共通点が見えてくるのではないだろうか？　人間は利用するために、生きている動植物を殺す。その事実を美化すべきではない。そうした行ないが非難されるべきかどうかは、また別の問題だ。私たち自身が自然の一部であり、ほかの生き物の命を利用しないと命を維持できないようにできているのだ。どの生き物も同じ運命を共有している。

問うべきは、人間が必要以上に森林生態系を自分のために利用していいのか、木々に不必要な苦しみを与えてしまってもいいのか、ということだろう。家畜と同じで、樹木も生態を尊重して育てた場合にだけ、その木材の利用は正当化される。要するに、樹木には社会的な生活を営み、健全な土壌（どじょう）と気候のなかで育ち、自分たちの知恵と知識を次の世代に譲り渡す権利があるのだ。

少なくとも彼らの一部には寿命を全う（まっと）うしてもらおう。さらに、林業を、食糧生産における〝有機農業〟に相当する方法で営もう（択伐（たくばつ）林業）。その際、あらゆる年齢と大きさの木を組み合わせて営林し、幼木が親木の下で生長できる環境をつくるのだ。そしてときおり、ほかに悪影響が出ないように慎重に木を倒し、その幹を馬で運び出す。そして老木にも配慮して、森の五パーセントから一〇パーセントには手をつけずに保護する。そうした〝有機林業〟で採れた木材は、ためらいなく利用していいだろう。

残念ながら、中央ヨーロッパでそのような林業が行なわれているのは全体の五パーセント程度で、残りの九五パーセントでは、いまだに単一林で大きな機械を使った伐採（ばっさい）が行なわれている。

林業関係者よりも、一般の人々のほうが林業の改善の必要を感じているようだ。一般市民が公営林の経営に意見を出し、当局が想定する環境基準よりも高い要求をすることが増えてきている。たとえばケルン近郊の〈ケーニッヒスドルフ森の友の会〉は、営林局と省庁に働きかけて、大型機械の使用と一定の大きさを超えた広葉樹の伐採を禁止させることに成功した。[57] スイスでは国を挙げて有機林業に取り組んでいる。

スイスの憲法には「動物、植物、およびほかの生体を扱うときには、その生き物の尊厳を尊重しなければならない」と記されている。これを守るなら、道端に咲く花を意味もなく摘むことは許されない。世界のほかの国の人々からは、このような考えはあまり理解されないかもしれないが、私個人としては、動物と植物の両者を隔てなく道徳的に扱うべきだという考えに賛成できる。植物の能力や感情、あるいは望みなどがよりよくわかるようになれば、彼らとの付き合い方が少しずつ変化するのは当然だろう。

森は、たまたま無数の生き物に生活空間を提供しているだけの木材工場でも資源庫でもない。事実はその逆だ。適切な条件で育つことができてはじめて、森林の樹木は安全と安心という木材の供給以上の役割を果たしてくれる。

環境団体と森林の利用者のあいだで繰り広げられる討論やケーニッヒスドルフの出来事を見るかぎり、私は将来に希望がもてると思っている。森はこれからも秘密を守りつづけ、散歩にきた私たちの子孫を驚きで満たしてくれるだろう。数えきれないほどたくさんの種類のたくさんの命がつながり合って、お互いを助け合っている。これこそが森林という生態系の特徴だ。

地球規模で見た場合でも、森とほかの自然が結びつくことがいかに大切かを、日本での研究結果が教えてくれている。海洋化学を研究する北海道大学の元教授、松永勝彦が、落ち葉から出た酸は川を伝って海に流れ、そこで食物連鎖の最初に位置するもっとも基本的なプランクトンの成長を促すことを発見したのだ。森のおかげで魚が増える？　そして、松永の働きかけで、海岸近くに植林することが決まった。するとどうだろう。実際に漁獲高とカキ養殖場の獲れ高が上がったのだ。[58]

だが、そうした経済的効果だけが、私たちが森林を大切にすべき理由ではない。森には、私たちが守るべき謎と奇跡がある。葉でできた屋根の下では、毎日たくさんのドラマと感動の物語が繰り広げられている。森林は、私たちのすぐそばにある最後の自然だ。そこではいまだに、冒険をしたり、秘密を見つけたりすることができる。

ある日、本当に樹木の言葉が解明され、たくさんの信じられない物語が聞けるかもしれない。その日がくるまで、森に足を踏み入れて想像の翼を羽ばたかせようではないか――突拍子もない空想だと思っていたことが、じつは真実からさほど遠くないのかもしれないのだから！

# 謝　辞

私にとって、本書の執筆はまさに贈り物だった。木について調査し、観察し、考え、そしてすべてを組み合わせることで、私は毎日新しいことを学べた。この贈り物を私に授けてくれたのは妻のミリアムだ。私の言葉に我慢強く耳を傾け、原稿に目を通し、改善すべきところを指摘してくれた。私に森林の管理を任せてくれている自治体ヒュンメルの協力がなければ、私は森を歩き、森を守り、本書の着想を得ることはできなかっただろう。私の考えを多くの人々に披露する機会を与えてくれたルードヴィッヒ出版にも感謝している。樹木を尊重できるのは、樹木のことを理解できる人だけだ。ここまで私といっしょに樹木の秘密を解き明かしてくれた読者のみなさんにも心から感謝の気持ちを捧げたい。

# 訳者あとがき

　ドイツ人は森林が大好きだ。彼らにとって、森林は特別な存在。国土の大部分が平坦なドイツでは、町はずれに出ればどこでも森林が広がっているし、街中（まちなか）にも木々の生える公園が多い。『赤ずきん』や『ヘンゼルとグレーテル』など、日本でもよく知られているドイツの童話の多くも森を舞台としている。日本人の多くにとって田園風景や海や山並みが郷愁を誘う原風景とするなら、ドイツ人のほとんどにとっての原風景は〝森林〟だろう。

　そのため、週末ともなると森を散策する人が多い。とはいえ、登山靴を履（は）いて、リュックサックを背負ってなどと、完全装備をするようなことは少なく、あくまで散歩の延長として森に足を踏み入れて自然を楽しむ。

山がちな日本の場合、多くの地方では森林に入ることは、山に登ることを意味していると言えるだろう。天気が変わりやすく、雨もよく降る。ドイツより気温と湿度が高いためにシダ植物などの下生えも茂っているし、なにより蚊やクモをはじめとした厄介な隣人も多い。そのため、森に入るにはそれなりの支度と心づもりが必要になる。

一方ドイツは、気温も湿度も低いので、シダ植物などはほとんど生えていない。蚊やクモもいるにはいるが、日本に比べたらかわいいものだ（私はドイツに住んでいるが、昆虫の少なさは移住して感じたカルチャーショックの一つだった）。高低差が少なく、ルートのマーキングや標識もいたるところにあるので道に迷うことがない。だから、日本よりははるかに気軽に深い森に足を踏み入れることができる。要するに、森林や樹木が非常に身近な存在なのだ。

そんなドイツで、本書『樹木たちの知られざる生活』（*Das geheime Leben der Bäume*）が二〇一五年五月に出版され、またたくまにベストセラーとなった。本稿を執筆している二〇一七年四月時点でも、書店のハードカバー・ノンフィクション部門のベストセラーリストに名を連ね、平積みされている。英語をはじめさまざまな言語にも翻訳され、世界中で高い評価を得ている。

《シュピーゲル》誌が年二回発行する別冊で、その年に発表された優れた書籍を紹介する《リテラトゥーア・シュピーゲル》誌は「ヴォールレーベンは森の言葉を語る。森のなかに世界を見つける」と、ドイツ最大手の新聞の一つ《ジュートドイチェ・ツァイトゥンク（南ドイツ新聞）》は「ヴォールレーベンは森に魂を取り戻した」と絶賛した。《ワシントン・ポスト》紙も、本書を「樹木に対する愛の告白であり、木々の生態へのこの上なく興味深い入門書だ」と称え、ピューリッツァー賞の最終候補に名を連ねたこともあるデヴィッド・ジョージ・ハスケルは「魅力的で挑発的……ヴォールレーベンが語る言葉は想像力豊かでじつに興味深いエコロジーの物語だ」と評した。インターネット上のレビューを見ても、「樹木について知らないことがたくさんあったと初めて気づいた」「森林がより身近な存在になった」「森を愛する人々のバイブルだ」といった賛辞が大半を占めている。著者自身、本書がこれほどまでに反響を呼ぶとは想像もしていなかったと、テレビのインタビューで答えている。

著者ペーター・ヴォールレーベンは、一九六四年にドイツのボンで生まれた。都会っ子だったからこそ子供のころから自然に興味があったそうだ。大学で林業を専攻したヴォールレーベンは、卒業後は二〇年以上ラインラント＝プファルツ州営林署で働き、部局長を務めた。つまり、行政の立場からドイツの森林の管理に携わっていたことになる。しかしそこで彼が見たものは、採算や人間の都合ばかりを優先した林業だった。伐採までの年数が少なくてすむという理由だけで、本来針葉樹が自生しない場所に針葉樹を植え、害虫駆除剤を散布し、大型車両を使って切り倒した木材を運び出す。本書で何度か紹介されるヒュンメルという自治体の営林地も、彼が赴任した当初はそうだった。そうした人間本位の営林方法に疑問を感じたヴォールレーベンは独自の調査・研究や専門家との討論を重ね、樹木の生態に即した森林管理の方法を模索していった。

行政官の立場から森林を保護することに限界を感じたヴォールレーベンは大きな決断をする。公務員として働くことをやめて独立したのだ（彼はテレビのインタビューで、公務員を続けていればこのような本は書けなかっただろうし、書けたとしても出版する自由は与えられなかったはずだと答えている。彼がとっている森林保護の立場は、行政が指導する営林方法と真っ向から対立するからだ）。彼は、いわばフリーランスの営林者になる道を選んだ。つまり、公務員に約束されている安定収入や高い年金を森林の保護のために捨てたことになる。そして、ヴォールレーベンの考えに賛同したヒュンメルや近隣のヴェアスホーフェンといった自治体が、行政府に森林管理を任せるのをやめ、彼と個人的な契約を結んで森林の保護と管理を委託したのである。それだけの覚悟をもって森林と樹木の生態に真剣に向き合っているからこそ、彼の言葉には説得力があり、そしてなにより森林と樹木に対する愛にあふれている。本書がベストセラーになったのも、その愛ゆえだろう。

ここで、私の個人的なエピソードを紹介したい。二〇一六年の初夏、私は自宅から車で一時間ほど離れたハイニッヒ国立公園を訪れた。地理的にはドイツのちょうど中央に位置し、ヴァルトブルク城で有名なアイゼナハからもさほど遠くない。ヨーロッパでも最大規模のブナの原生林だ。もちろんブナだけでなく、さまざまな広葉樹が生息している。その一画にドイツ語で「バウムクロネンプファート」というものがある。日本語にすれば「樹冠の小道」となるだろうか。木々のすきまに何本かの塔が建てられ、その塔を結ぶように空中のちょうど樹冠あたりの高さに全長五三〇メートルの通路（回廊）が渡されている。そこを歩けば広大な原生林を上から見渡せる、という仕組みだ。私が訪問した日は初夏とはいえ気温が高く、雲一つない快晴だったため、そこからの眺めは本当にすばらしかった。午前中に樹冠からの眺望を楽しんだあと、午後は木の下、つまり地上を歩くことにした。だが、当時の私はまだ本書を読んでおらず、森や樹木についてもあまり知識がなかったため、森のなかを歩きながらさまざまな疑問を感じたことを今でも覚えている。

真っ先に感じた疑問は、鳥がいないということだ。ときおり、キツツキが木をつつく音は聞こえてきたが、鳥の姿が見えない。道はもちろんのこと、道を少しはずれても丈が五〇センチにも満たないような低い草や小さな花があるだけで、すこぶる歩きやすい。日本で親しんだ鬱蒼（うっそう）とした下生えがないので少し寂しく感じたほどだ。木を見てみると、かなり高い位置にしか枝がない。そうした光景を眺めながら、心のなかで、ここは本当に手つかずの自然なのだろうか、と感じていた。こんなに動物が少ないなんて、歩きやすいなんて、枝が少ないなんて、どうもおかしい……。

そう感じていた自分を今では恥ずかしく思う。本書を読んで、それらの謎はすべて解けた。私が見た光景は、間違いなく原生林のそれだった。次にハイニッヒ国立公園を訪れるときには、違う視線から自然を楽しむことができるだろう。

著者の今後の目標は、私のような人間――樹木や森林についてあまり多くを知らない人々――に樹木の知られざる生態や森林のすばらしさを伝え、それらの保護を訴えることだ。そのため、彼は二〇一六年に〝森林アカデミー〟を開設した。さまざまなアウトドア活動を通じて、人々に森林と樹木のすばらしさに気づいてもらうことを目的としている。文筆活動も積極的に続け、本書の続篇として森林に住む動物の生態をテーマにした本を書き、これもまたベストセラーになった。『動物たちの内なる生活――森林管理官が聴いた野生の声』というタイトルで早川書房から翻訳出版されているので、興味のある方はぜひご一読いただきたい。

ヴォールレーベンは言う。森林は資材の自動販売機ではない。樹木は人間に使われることを目的として、ただそこにあるのではない。樹木も私たちと同じように感情をもち、社会的な生活を営む〝生き物〟なのだから、よりよく共存する方法を探さなければならない。本書を読めば、誰もがそうした彼の主張に納得できるのではないだろうか。

本書の翻訳にあたっては編集を担当された松木孝さん、文庫化に際しては早川書房の窪木竜也さん、そして株式会社リベルのみなさんから多大なる支援をいただいた。この場を借りてお礼申し上げたい。

二〇一八年一〇月

# 参考文献


1 Anhäuser, M.: Der stumme Schrei der Limabohne, in: MaxPlanckForschung 3/2007, p. 64-65

2 同上

3 http://www.deutschlandradiokultur.de/die-intelligenz-der-pflanzen.1067.de.html?dram:article_id=175633（2014 年 12 月 13 日時点）

4 https://gluckspilze.com/faq（2014 年 10 月 14 日時点）

5 http://www.deutschlandradiokultur.de/die-intelligenz-der-pflanzen.1067.de.html?dram:article_id=175633（2014 年 12 月 13 日時点）

6 Gagliano, Monica, et al.: Towards understanding plant bioacoustics, in: Trends in plants science, Vol. 954, p. 1-3

7 Neue Studie zu Honigbienen und Weidenkätzchen（2014 年 5 月 23 日、バイロイト大学広報 098/2014 号）

8 http://www.rp-online.de/nrw/staedte/duesseldorf/pappelsamen-reizen-duesseldorf-aid-1.1134653（2014 年 12 月 24 日時点）

9 »Lebenskünstler Baum«, Script zur Sendereihe »Quarks & Co«, WDR, p. 13, Mai 2004, Köln

10 http://www.ds.mpg.de/139253/05（2014 年 12 月 9 日時点）

11 http://www.news.uwa.edu.au/201401156399/research/move-over-elephants-mimosas-have-memories-too（2014 年 10 月 8 日時点）

12 http://www.zeit.de/2014/24/pflanzenkommunikation-bioakustik

13 http://www.wsl.ch/medien/presse/pm_040924_DE（2014 年 12 月 18 日時点）

14 http://www.planet-wissen.de/natur_technik/pilze/gift_und_speisepilze/wissensfrage_groesste_lebewesen.jsp（2014 年 12 月 18 日時点）

15 Nehls, U.: Sugar Uptake and Channeling into Trehalose Metabolism in Poplar Ectomycorrhizae（2011 年 4 月 27 日、チュービンゲン大学博士論文）

16 http://www.scinexx.de/wissen-aktuell-7702-2008-01-23.html（2014 年 10 月 13 日時点）

17 http://www.wissenschaft.de/archiv/-/journal_content/56/12054/1212884/Pilz-t%C3%B6tet-Kleintiere-um-Baum-zu-bewirten/（2015年2月17日時点）

18 http://www.chemgapedia.de/vsengine/vlu/vsc/de/ch/8/bc/vlu/transport/wassertransp.vlu/Page/vsc/de/ch/8/bc/transport/wassertransp3.vscml.html（2014年12月9日時点）

19 Steppe, K., et al.: Low-decibel ultrasonic acoustic emissions are temperature-induced and probably have no biotic origin, in: New Phytologist 2009, Nr. 183, p. 928-931

20 http://www.br-online.de/kinder/fragen-verstehen/wissen/2005/01193/（2015年3月18日時点）

21 Lindo, Zoë & Whiteley, Jonathan A.: Old trees contribute bio-available nitrogen through canopy bryophytes, in: Plant and Soil, May 2011, p. 141-148

22 Walentowski, Helge: Weltältester Baum in Schweden entdeckt, in: LWF aktuell, 65/2008, p. 56, München

23 Hollricher, Karin: Dumm wie Bohnenstroh?, in: Laborjournal 10/2005, p. 22-26

24 http://www.spektrum.de/news/aufbruch-in-den-ozean/1025043（2014年12月9日時点）

25 http://www.desertifikation.de/fakten_degradation.html（2014年11月30日時点）

26 口頭インタビュー　生物学者クララ・クレーマー、アーヘン工科大学、2014年11月26日

27 Fichtner, A., et al.: Effects of anthropogenic disturbances on soil microbial communities in oak forests persist for more than 100 years, in: Soil Biology and Biochemistry, Vol. 70, March 2014, p. 79-87, Kiel

28 Mühlbauer, Markus Johann: Klimageschichte. Seminarbeitrag Seminar: Wetter und Klima WS 2012/13, p. 10, Universität Regensburg

29 Mihatsch, A.: Neue Studie: Bäume sind die besten Kohlendioxidspeicher（2014年1月16日、ライプツィヒ大学広報008/2014号）

30 Zimmermann, L., et al.: Wasserverbrauch von Wäldern, in: LWF aktuell, 66/2008, p. 16

31 Makarieva, A.M., Gorshkov, V. G.: Biotic pump of atmospheric moisture

as driver of the hydrological cycle on land. Hydrology and Earth System Sciences Discussions, Copernicus Publications, 2007, 11 (2), p. 1013-1033
32 Adam, D.: Chemical released by trees can help cool planet, scientists find, in: The Guardian（2008 年 10 月 31 日）, http://www.theguardian.com/environment/2008/oct/31/forests-climatechange（2014 年 12 月 30 日時点）
33 http://www.deutschlandfunk.de/pilze-heimliche-helfershelfer-des-borkenkaefers.676.de.html?dram:article_id=298258（2014 年 12 月 27 日時点）
34 Möller, G. (2006): Großhöhlen als Zentren der Biodiversität, http://biotopholz.de/media/download_gallery/Grosshoehlen_-_Biodiversitaet.pdf（2014 年 12 月 27 日時点）
35 Goßner, Martin, et al.: Wie viele Arten leben auf der ältesten Tanne des Bayerischen Walds, in: AFZ-Der Wald, Nr. 4/2009, p. 164-165
36 Möller, G. (2006): Großhöhlen als Zentren der Biodiversität, http://biotopholz.de/media/download_gallery/Grosshoehlen_-_Biodiversitaet.pdf（2014 年 12 月 27 日時点）
37 http://www.totholz.ch（2014 年 12 月 12 日時点）
38 http://www.wetterauer-zeitung.de/Home/Stadt/Uebersicht/Artikel,-Der-Wind-traegt-am-Laubfall-keine-Schuld-_arid,64488_regid,3_puid,1_pageid,113.html
39 http://tecfaetu.unige.ch/perso/staf/notari/arbeitsbl_liestal/botanik/laubblatt_anatomie_i.pdf
40 Claessens, H. (1990): L'aulne glutineux (Alnus glutinosa): une essence forestière oubliée, in: Silva belgica 97, p. 25-33
41 Laube, J., et al.: Chilling outweighs photoperiod in preventing precocious spring development. In: Global Change Biology (online 30. October 2013)
42 http://www.nationalgeographic.de/aktuelles/woher-wissen-die-pflanzen-wann-es-fruehling-wird（2014 年 11 月 24 日時点）
43 Richter, Christoph: Phytonzidforschung - ein Beitrag zur Ressourcenfrage, in: Hercynia N.F, Leipzig 24 (1987) 1, p. 95-106
44 Cherubini, P., et al. (2002): Tree-life history prior to death: two fungal root pathogens affect tree-ring growth differently. - J. Ecol. 90: 839-850.
45 Stützel, T., et al.: Wurzeleinwuchs in Abwasserleitungen und Kanäle, Studie der Ruhr-Universität Bochum, Gelsenkirchen, p. 31-35, July 2004

46 Sobczyk, T.: Der Eichenprozessionsspinner in Deutschland, BfN-Skripten 365, Bonn-Bad Godesberg, May 2014
47 Ebeling, Sandra, et al.: From a Traditional Medicinal Plant to a Rational Drug: Understanding the Clinically Proven Wound Healing Efficacy of Birch Bark Extract. In: PLoS One 9(1), 22. January 2014
48 USDA Forest Service: http://www.fs.usda.gov/detail/fishlake/home/?cid=STELPRDB5393641（2014年12月23日時点）
49 Meister, G.: Die Tanne, p. 2, Schutzgemeinschaft Deutscher Wald (SDW), Bonn
50 Finkeldey, Reiner & Hattemer, Hans H.: Genetische Variation in Wäldern-wo stehen wir?, in: Forstarchiv 81, p. 123-128, M. & H. Schaper GmbH, July 2010
51 Harmuth, Frank, et. al.: Der sächsische Wald im Dienst der Allgemeinheit, Staatsbetrieb Sachsenforst, 2003, p. 33
52 v. Haller, A.: Lebenswichtig aber unerkannt. Verlag Boden und Gesundheit, Langenburg 1980.
53 Lee, Jee-Yon & Lee, Duk-Chul: Cardiac and pulmonary benefits of forest walking versus city walking in elderly women: A randomised, controlled, open-label trial, in: European Journal of Integrative Medicine 6 (2014), p. 5-11
54 http://www.wilhelmshaven.de/botanischergarten/infoblaetter/wassertransport.pdf（2014年11月21日時点）
55 Boch, S., et al.: High plant species richness indicates management-related disturbances rather than the conservation status of forests, in: Basic and Applied Ecology 14 (2013), p. 496-505
56 http://www.br.de/themen/wissen/nationalpark-bayerischer-wald104.html（2014年11月09日時点）
57 http://www.waldfreunde-koenigsdorf.de（2014年12月07日時点）
58 Robbins, J.: Why trees matter, in: The New York Times（11. 4. 2014）, http://www.nytimes.com/2012/04/12/opinion/why-trees-matter.html?_r=1&（2014年12月30日時点）

本書は、2017年5月に早川書房より単行本として
刊行された作品を文庫化したものです。

訳者略歴　1970年生，高知大学人文学部独文独語学科卒，フリードリヒ・シラー大学イエナ哲学部卒　訳書　ヘンゼル『テラナーズ』，ヴァレア『7人目の子』，ウルバン『プランD』（以上早川書房刊）他多数

HM=Hayakawa Mystery
SF=Science Fiction
JA=Japanese Author
NV=Novel
NF=Nonfiction
FT=Fantasy

# 樹木（じゅもく）たちの知（し）られざる生活（せいかつ）
## 森林管理官が聴いた森の声

〈NF531〉

二〇一八年十一月十五日　発行
二〇二一年十一月十五日　十二刷

（定価はカバーに表示してあります）

著者　ペーター・ヴォールレーベン
訳者　長谷川（はせがわ）圭（けい）
発行者　早川浩
発行所　株式会社早川書房
郵便番号　一〇一‐〇〇四六
東京都千代田区神田多町二ノ二
電話　〇三‐三二五二‐三一一一
振替　〇〇一六〇‐三‐四七七九九
https://www.hayakawa-online.co.jp

乱丁・落丁本は小社制作部宛お送り下さい。
送料小社負担にてお取りかえいたします。

印刷・株式会社亨有堂印刷所　製本・株式会社明光社
JASRAC 出1811468-112　Printed and bound in Japan
ISBN978-4-15-050531-8 C0140



本書は活字が大きく読みやすい〈トールサイズ〉です。